TRAITÉ

D'ALGÈBRE,

PAR

M. E. GENTIL,

INGÉNIEUR AU CORPS ROYAL DES MINES,

ANCIEN ÉLÈVE DE L'ÉCOLE POLYTECHNIQUE.

PREMIÈRE PARTIE.

PARIS,

LIBRAIRIE DE FIRMIN DIDOT FRÈRES,

IMPRIMEURS DE L'INSTITUT, RUE JACOB, 56,

ET CHEZ L'AUTEUR, RUE DE LILLE, 90.

—

1846.

PARIS. — TYPOGRAPHIE DE FIRMIN DIDOT FRÈRES,
RUE JACOB, N° 56.

A SON ALTESSE ROYALE

MONSEIGNEUR LE DUC DE MONTPENSIER.

Monseigneur,

La bienveillance que vous m'avez toujours témoignée me faisait un devoir de vous offrir mon premier ouvrage; vous avez mis le comble à ma reconnaissance en voulant bien l'accepter.

Appelé, au début de ma carrière, à vous aider dans vos études mathématiques, j'ai pu apprécier votre haute intelligence et vos rares dispositions; aussi serez-vous pour moi un juge dont l'assentiment me sera bien précieux.

Veuillez, Monseigneur, recevoir l'assurance des sentiments les plus respectueux et les plus dévoués de votre très-humble serviteur.

E. GENTIL.

INGÉNIEUR AU CORPS ROYAL DES MINES.

1er octobre 1846.

INTRODUCTION.

De la généralisation des opérations de l'arithmétique, c'est-à-dire, de leur extension à des quantités, indépendamment des unités qui les expriment, est née l'algèbre; c'est d'après cette considération que Newton avait défini cette partie des sciences mathématiques l'*arithmétique universelle.*

Cependant cette définition n'est pas suffisante, et ne donne qu'une idée incomplète de la science dont nous allons nous occuper : l'algèbre a aussi pour but de résoudre les questions dans lesquelles les quantités données et les quantités inconnues sont liées entre elles par des relations définies qui sont susceptibles de se traduire au moyen des signes algébriques en expressions appelées *équations*.

L'algèbre diffère de l'arithmétique, d'abord par ses opérations, qui ne s'effectuent pas exclusivement sur des nombres, mais sur des grandeurs quelconques représentées par des signes quelconques, généralement par des lettres; en second lieu, par les moyens de résoudre les problèmes. L'algèbre donne généralement la réponse à une question par une expression formée des quantités données, qui indique les opérations que l'on doit faire sur ces quantités pour arriver à répondre à cette question. Cette dernière expression, appelée en général *formule* du problème, est indépendante de la grandeur numérique des quantités données, et peut s'appliquer à toutes les questions qui ne diffèrent que par ces grandeurs; tandis que l'arithmétique exige de recommencer les raisonnements dans chaque cas particulier.

L'algèbre, comme le dit Lagrange, est l'art de déterminer les inconnues au moyen des quantités connues, ou que l'on regarde comme connues, et d'indiquer pour tous les problèmes des formules qui peuvent en représenter toutes les solutions.

La marche que l'on doit suivre dans l'étude de cette branche des sciences mathématiques se présente donc d'elle-même. La première partie des études doit se porter sur la généralisation des opérations arithmétiques ; la deuxième sur la résolution des équations. D'après ces idées, nous diviserons comme il suit cette étude.

PLAN DE L'OUVRAGE.

PRÉLIMINAIRES. — Comprenant les notions sur les signes et les quantités employées en algèbre.

1re PARTIE. *Partie élémentaire.*

LIVRE I.

I. De l'addition et de la soustraction.
II. De la multiplication.—De la division.
III. Théorèmes sur la division.

LIVRE II.

I. Des puissances.
II. Des racines.

LIVRE III.

I. Des équations du 1er degré.
II. Des équations du 2e degré.
III. De l'analyse indéterminée.

2e PARTIE. *Partie supérieure.*

LIVRE IV.

I. Des approximations en général.—Des fractions continues.
II. Généralisation de la théorie arithmétique des logarithmes.
III. Des diviseurs et du plus grand commun diviseur en algèbre. —Extension aux quantités algébriques des considérations de ce genre.

LIVRE V.

I. Des quantités imaginaires considérées d'une manière spéciale.
II. Théorie des fonctions entières.

LIVRE VI.

I. Des équations à une seule inconnue.
II. Des équations à plusieurs inconnues.—De l'élimination.
III. de l'usage de l'élimination.—De l'abaissement des équations.

LIVRE VII.

I. De la résolution d'une équation numérique.
II. De l'usage de la géométrie en algèbre, et de l'application de l'algèbre à la géométrie en général.
III. De la décomposition d'une fraction algébrique en fractions simples.—De l'interpolation.

Plusieurs des livres qui composent cet ouvrage sont suivis d'appendices qui ont pour but de compléter ou d'étendre les considérations contenues dans les livres correspondants.

PRÉLIMINAIRES.

DES SIGNES ET DES QUANTITÉS EMPLOYÉES EN ALGÈBRE.

Les quantités *entières*, *fractionnaires* et *incommensurables* se représentent généralement en algèbre par des lettres. Signes

Le signe +, s'énonçant *plus*, indique l'addition.

Ainsi, veut-on indiquer la somme des quantités A et B, on écrit :

$$A + B.$$

Le signe —, s'énonçant *moins*, indique la soustraction.

La différence entre deux quantités A et B, s'écrit :

$$A - B.$$

Le signe ×, s'énonçant *multiplié par,* indique la multiplication.

Le produit de A par B s'écrit:

$$A \times B.$$

On supprime quelquefois ce signe, et on écrit simplement les deux lettres à côté l'une de l'autre; on les sépare aussi par un point:

$$A \times B \quad \text{ou} \quad A . B \quad \text{ou} \quad AB.$$

Le signe — placé entre deux quantités, l'une supérieure, l'autre inférieure, indique la division de la première par la deuxième.

A divisé par B s'écrit :

$$\frac{A}{B}.$$

On indique aussi cette opération en mettant deux points entre les quantités :

$$\frac{A}{B} \quad \text{ou} \quad A:B.$$

Puissances.

Lorsqu'un produit se compose de facteurs égaux entre eux, il prend le nom de puissance du facteur unique qui le compose.

S'il y a 2 facteurs, c'est un carré :

$$A \times A \quad \text{ou} \quad A.A \quad \text{est le carré de} \quad A.$$

S'il y a 3 facteurs, c'est un cube :

$$A \times A \times A \quad \text{ou} \quad A.A.A \quad \text{est le cube de} \quad A.$$

En général, un produit composé de m facteurs égaux est la puissance $m^{\text{ième}}$ du facteur.

$$A \times A \times A \ldots \text{ pris } m \text{ fois est la puissance } m^{\text{ième}} \text{ de } A.$$

Pour éviter d'écrire la même lettre plusieurs fois de suite, on convient d'écrire simplement le facteur, à la droite duquel on place un petit chiffre, un peu au-dessus de la ligne où est écrit le facteur, indiquant le nombre de fois que le facteur est pris pour former la puissance. Ce petit chiffre porte le nom d'*exposant* ou d'*indice de la puissance.* Ainsi :

$A \times A$	s'écrit	A^2
$A \times A \times A$		A^3
$A \times A \times A \ldots$	m fois	A^m.

Racines.

Réciproquement, la quantité qui, multipliée par elle-même, reproduit un nombre donné, prend le nom de racine carrée de cette quantité.

En général une quantité qui, élevée à la puissance m reproduit un nombre donné, prend le nom de *racine* $m^{\text{ième}}$ du nombre.

Une racine d'un nombre s'indique par le signe $\sqrt{}$. Le degré ou l'indice de la racine, c'est-à-dire, le nombre de fois que la racine doit être prise comme facteur pour reproduire le nombre donné se place en dehors dans l'angle du signe, et la quantité dont on extrait la racine, sous la barre horizontale.

Ainsi, racine $m^{\text{ième}}$ de A s'écrit :

$$\sqrt[m]{A}.$$

Les radicaux du deuxième degré se présentant constamment

dans le calcul, on n'écrit pas l'indice pour ceux-là seulement; de sorte que $\sqrt{A}$ indique la racine carrée de A.

Lorsqu'on veut écrire qu'une quantité est égale à une autre, on écrit ces quantités sur une même ligne, et on les réunit par le signe $=$.

Le signe $<$, placé entre deux quantités, veut dire que la première est plus petite que la deuxième.

Le signe $>$, placé entre deux quantités, indique que la première est glus grande que la deuxième.

Enfin, les signes $\not>$ et $\not<$, placés de même, s'énonçant, pas plus grand ou pas plus petit, indiquent que la première quantité est *inférieure ou égale au plus*, ou *supérieure ou égale au moins* à la seconde quantité.

Toute expression indiquant, au moyen des signes précédents, différentes opérations à faire sur des quantités littérales et numériques pour arriver à un certain résultat, s'appelle *expression algébrique*. Monômes, polynômes.

Ainsi:

$$3abc - 5a^2c + \frac{4}{3}a^4b^2$$

est une expression algébrique.

On appelle *monôme* une expression algébrique qui peut contenir l'indication de toutes les opérations de l'arithmétique, excepté l'addition et la soustraction.

$$3abc, \quad 5a^2c, \quad \frac{3}{4}a^4b^2,$$

sont des monômes.

Lorsque le monôme contient une quantité numérique, on l'écrit la première, et elle prend le nom de *coefficient*.

$3, 5, \frac{4}{3}$ sont les coefficients des monômes précédents.

On appelle *polynôme* la réunion de plusieurs monômes par les signes $+$ ou $-$.

Lorsqu'il y a deux monômes, l'expression est dite un *binôme*, trois *un trinôme*, et ainsi de suite.

$3a^2b - 4a^2c$... binôme,

$3ab + 4bc - 14a^3$... trinôme.

Les monômes qui composent un polynôme sont dits aussi les termes du polynôme.

Un polynôme, et en général une expression quelconque algébrique contenant la désignation par signes algébriques quelconques des opérations qu'il faut faire sur certaines quantités, est dite une *fonction* de ces quantités. Lorsqu'on veut en algèbre indiquer une fonction de certaines quantités, on réunit ces quantités dans une parenthèse, devant laquelle on place une certaine lettre ; ordinairement les initiales, f, F.

Ainsi

$f(a, b, c, d)$ est une fonction de a, b, c et d.

Par exemple :

$$a^2b^3c + b^3cd + abcd - a^2b.$$

La forme d'une fonction peut varier à l'infini : généralement, dans une fonction algébrique, l'importance des quantités qui y entrent n'est pas la même dans la question pour laquelle on l'emploie. Alors on se contente de mettre dans la parenthèse la quantité ou les quantités sur lesquelles doit porter principalement l'attention.

Monômes semblables. On entend par *monômes semblables* deux monômes qui ne diffèrent que par le coefficient.

Ainsi

$$3ab^2c, \quad 6ab^2c, \quad 5ab^2c,$$

sont trois monômes semblables.

REMARQUE.

Il est essentiel de bien comprendre ce qu'on entend par la valeur d'un polynôme : par exemple, le polynôme

$$3ab^2c - 5a^3bc^2 + 8a^4b^3c^5$$

indique que pour arriver à un certain résultat qui s'appelle la valeur du polynôme, il faudrait du monôme $3ab^2c$ retrancher $5a^3bc$, et au résultat ajouter $8a^4b^3c^5$. Il est bien entendu que ces opérations ne peuvent se faire qu'autant que les quantités a, b, c, sont remplacées par certaines valeurs particulières numériques. Or il est évident que l'ordre des opérations ne change pas la valeur d'un polynôme, car la valeur se compose en définitive de toutes les unités contenues dans les termes précédés du signe plus, desquelles on retranche toutes les unités contenues dans les termes précédés du signe moins; de sorte que le polynôme précédent peut s'écrire indifféremment.

$$3ab^2c + 8a^4b^3c^5 - 5a^3bc^2,$$
$$8a^4b^3c^5 - 5a^3bc^2 + 8ab^2c.$$

D'après ce qui précède, si, dans un polynôme, il se trouve des termes semblables, on pourra les réunir en un seul ayant un coefficient composé des coefficients respectifs des termes semblables avec leurs signes, sans que la valeur du polynôme ait changé. Lorsqu'on effectue les calculs indiqués dans le coefficient définitif, le polynôme affecte une forme plus simple; on dit alors qu'il est réduit ou que l'on a fait les réductions.

Il faut avoir soin en algèbre, avant de commencer une opération quelconque sur une expression algébrique, de voir si elle est réduite.

Exemple. Le polynôme

$$3ab^2c - 6a^5b^3 + 4a^6b^9c^5 + 4ab^2c + 8a^5b^3 - 10a^6b^9c^5$$

peut s'écrire

$$3ab^2c + 4ab^2c + 8a^5b^3 - 6a^5b^3 + 4a^6b^9c^5 - 10a^6b^9c^5,$$

ou

$$(3 + 4)ab^2c + (8 - 6)a^5b^3 - (10 - 4)a^6b^9c^5,$$

ou

$$7ab^2c + 2a^5b^3 - 6a^6b^9c^5.$$

Dans les polynômes, les termes sont tantôt précédés du signe +, tantôt du signe —; les premiers termes devant lesquels on ne met pas de signes sont censés précédés du signe +. Des quantités positives et négatives.

Tous les termes précédés du signe + sont dits positifs. Au contraire, ceux qui sont précédés du signe — sont dits négatifs. En algèbre on considère isolément les quantités négatives, et l'on fait sur ces quantités les mêmes opérations que sur les quantités ordinaires ou positives.

L'introduction de ces quantités dans le calcul soulève immédiatement les deux questions suivantes :

Par quelles considérations a-t-on été conduit à l'emploi de pareilles quantités ?

De quelle utilité peuvent-elles être ?

Pour répondre à ces deux questions, supposons que l'on veuille augmenter la quantité P de a, et diminuer le résultat de b : les opérations s'écriraient algébriquement :

$$P + a - b.$$

Or, si a est plus grand que b, P augmentera de la différence entre a et b. Soit d cette différence. On pourra remplacer l'expression précédente par

$$P + d$$

ce qui la simplifie.

Mais si a est plus petit que b, P diminue de la différence entre b et a. Si donc on veut, comme dans le cas précédent, simplifier l'expression primitive, on est conduit à retrancher a de b, et l'expression prend dans ce cas la forme

$$P - d.$$

La quantité $+a-b$ dans laquelle b surpasse a de d, est donc remplacée par la quantité négative $-d$. Donc, pour effectuer l'opération précédente, il suffisait d'écrire à la suite de P la quantité négative $-d$. C'est donc en comparant l'expression simplifiée à l'expression donnée que l'on a été conduit à penser aux quantités négatives.

Maintenant supposons que l'on veuille augmenter la quantité P de 3 fois le nombre a, et la diminuer de 3 fois le nombre b, on écrirait :

$$P + 3a - 3b.$$

Or, si a est plus grand que b, P augmente d'une quantité 3 fois plus forte que précédemment; si donc a surpasse b de d, l'expression pourra s'écrire :

$$P + 3d.$$

Mais si l'inverse a lieu, si a est plus petit que b de d, le résultat serait :

$$P - 3d.$$

Donc, pour arriver au résultat, il suffisait de traiter la quantité négative $-d$ comme la quantité positive $+d$. On voit donc que, par la considération des quantités négatives, les opérations se feraient exactement de la même manière dans les deux hypothèses.

D'après ce qui précède, si l'on veut se rendre compte de la manière dont une quantité négative doit se présenter dans le calcul lorsqu'on opère sur elle comme sur une quantité positive, on devra toujours se la représenter comme le résultat d'une soustraction impossible, dans laquelle la quantité à retrancher surpasse la quantité dont on retranche de la valeur numérique de la quantité négative.

Ainsi $-A$ représentera $M-(M+A)$.

Les opérations les plus simples que l'on puisse faire sur les quantités négatives, sont l'addition, la soustraction, la multiplication et la division. **Des opérations arithmétiques étendues aux quantités négatives.**

Ajouter $-A$ à P, c'est écrire $P-A$,

comme on l'a vu précédemment.

Retrancher $-A$ de P, c'est écrire $P+A$.

Ce qui revient à changer le signe de la quantité négative; car en ajoutant $-A$ on retrouve P. Cette opération est une conséquence de la première.

Multiplier B par $-A$, revient à multiplier B par une différence $a-b$ dans laquelle b surpasse a de A. Or, si on supposait $a>b$, on aurait :

$$Ba - Bb$$

au produit ; mais dans l'hypothèse primitive Bb surpassera Ba de BA ; donc

$$B \times -A = -B.A.$$

Multiplier $-A$ par B revient à multiplier la différence $a-b$ par B; ce qui donnerait, en supposant $a>b$,

$$a.B - b.B;$$

et si l'on suppose maintenant que b surpasse a de A, aB surpassera bB de BA; donc

$$-A \times B = -A.B.$$

Donc deux quantités de signes contraires conduisent à un produit *négatif*.

Considérons maintenant deux quantités négatives —A et —B. Multiplier —A par —B revient à multiplier la différence $a-b$ par —B. Or, avant de supposer que $a-b$ soit négatif, si on avait fait la multiplication, on aurait eu, d'après la règle précédente :

$$(a-b) \times -B = -(a-b)B = -(a.B - b.B) = -aB + bB.$$

Actuellement, si on suppose que b surpasse a de A, bB surpassera aB de AB, et on sera conduit à

$$-A \times -B = +A.B.$$

Le produit de +A par +B étant évidemment

$$+AB,$$

on peut dire que ce produit de deux quantités de mêmes signes est *positif*.

Il suit de là :

1° Que si l'on divise deux quantités de mêmes signes l'une par l'autre, le quotient est *positif*;

2° Que si l'on divise deux quantités de signes contraires l'une par l'autre, le quotient est *négatif*.

Pour s'en rendre compte, il suffit de remarquer que le diviseur multiplié par le quotient doit reproduire le dividende.

Anomalie dans la comparaison des quantités négatives.

Lorsqu'on veut comparer deux quantités positives, on emploie la soustraction ou la division.

On dit que A est plus grand que B si A—B est positif, ou si $\frac{A}{B}$ est plus grand que l'unité.

S'il s'agit de deux quantités négatives, —A et —B, la différence sera —A+B, et le quotient $\frac{A}{B}$.

D'après la première manière de comparer on voit que si l'on admet qu'une quantité doit être plus grande qu'une autre, lorsque sa différence avec celle-ci est positive, il faut que B > A. Si on compare par la division, en gardant le même point de vue que pour les quantités positives, on arrive à la conclusion inverse,

$$B < A.$$

Les quantités négatives ne peuvent donc pas se comparer indifféremment par ces deux procédés. On adopte généralement la première manière, de laquelle il résulte qu'une quantité négative augmente à mesure que sa valeur numérique diminue.

Enfin, lorsque l'on compare des quantités par quotient, et que le diviseur est susceptible de varier de grandeur, s'il devient de plus en plus petit, le quotient augmente de plus en plus, en supposant toutefois que le dividende ne varie pas, et tend vers une limite plus grande que toute quantité donnée, que l'on dit être infinie, et que l'on représente par le signe ∞.

Des quantités infinies et des quantités indéterminées.

Lorsqu'on arrive à cette limite par des quantités positives, la limite est $+\infty$ ou l'infini positif. Dans le cas contraire, la limite est $-\infty$ ou l'infini négatif. Si le dividende et le diviseur deviennent nuls en même temps, on arrive à diviser zéro par zéro, ce qui s'indique $\frac{0}{0}$. Or, il est clair, au premier abord, que l'on est conduit à prendre pour le quotient un nombre quelconque. Aussi dit-on que cette forme est celle de *l'indétermination*. Nous verrons plus tard que souvent cette indétermination disparaît.

LIVRE PREMIER.

DE L'ADDITION, DE LA SOUSTRACTION, DE LA MULTIPLICATION ET DE LA DIVISION EN ALGÈBRE.

I.

De l'addition et *de la soustraction.*

L'addition en algèbre a pour but de réunir dans une même expression algébrique, la plus simple possible, les quantités qui composent deux ou plusieurs expressions algébriques données. De l'addition.

RÈGLE.

Pour ajouter deux polynômes, il suffit d'écrire les termes de l'un à la suite des termes de l'autre avec leurs signes.

S'il existe des termes semblables dans les deux polynômes, on fait les réductions dans le polynôme résultant.

Ainsi

$$(a+b-c)+(a'+b'-c') (*) = a+b-c+a'+b'-c'.$$

En effet, 1° pour augmenter une quantité d'une somme, il suffit de l'augmenter successivement des parties de cette somme. 2° Pour ajouter la différence entre deux quantités, on peut ajouter la première de ces deux quantités, pourvu que l'on retranche la seconde.

Ces deux principes démontrent évidemment que la somme des deux polynômes précédents est bien

$$a+b-c+a'+b'-c'.$$

(*) Une lettre affectée d'un accent, s'énonce en ajoutant le mot *prime;* de deux, le mot *seconde;* de trois, le mot *tierce*, et ainsi de suite. De sorte que a' s'énonce *a* prime; a'', *a* seconde, etc.

Maintenant, comme la valeur d'un polynôme ne change pas, quel que soit l'ordre des opérations, il est clair que s'il existe des termes semblables, on pourra faire les réductions; on peut les faire immédiatement : pour cela on dispose l'opération de manière que les termes semblables des polynômes à ajouter soient dans une même colonne verticale; de même que dans l'addition des nombres on s'arrange pour que les unités de même espèce soient dans une même colonne verticale.

Exemple :

$$\begin{array}{r} 3a^5b^2 - 5a^3b^4 + 8a^9b^6 - 5a^6b, \\ 15a^5b^2 + 8a^3b^4 - 9a^9b^6 - 8a^6b. \\ \hline 18a^5b^2 + 3a^3b^4 - a^9b^6 - 13a^6b. \end{array}$$

Il est évident que la règle est la même, quel que soit le nombre des polynômes à ajouter.

Le résultat définitif s'appelle *somme*.

On voit que dans une somme algébrique de plusieurs quantités, ces quantités peuvent être positives ou négatives; ce qui la distingue d'une somme arithmétique, dans laquelle il n'y a que des termes positifs.

De la soustraction. La soustraction en algèbre a pour but, étant données deux expressions algébriques, d'en trouver une troisième qui, ajoutée avec la seconde, reproduise la première.

Le résultat de l'opération s'appelle *reste* ou *différence*, et on dit qu'on a retranché la deuxième de la première.

RÈGLE.

Pour soustraire un polynôme d'un autre, il suffit d'écrire les termes de ce polynôme à la suite des termes du premier, en les changeant de signes.

S'il y a des termes semblables, on fait les réductions.

Ainsi

$$(a+b-c)-(a'+b'-c')=a+b-c-a'-b'+c'.$$

Cette règle est une conséquence immédiate de celle qui a été donnée pour l'addition; car si on ajoute au reste $a'+b'-c'$, il vient

$$a + b - c - a' - b' + c' + a' + b' - c',$$

ou

$$a + b - c.$$

Dans les cas où il y a des termes semblables, on dispose l'opération de la manière suivante :

$$\begin{array}{r} 3a^5b - 5a^3b + 8a^2b^3 \\ 2a^5b + 8a^3b + 10a^2b^3 \\ \hline a^5b - 13a^3b - 2a^2b^3. \end{array}$$

On retranche terme à terme, de même qu'on avait ajouté terme à terme dans l'addition.

REMARQUE.

On voit d'après ce qui précède qu'une addition en algèbre peut correspondre à une soustraction arithmétique, et que réciproquement une soustraction peut se réduire à une addition arithmétique.

II.

Principes sur la multiplication. — Multiplication algébrique.

De la multiplication. La multiplication algébrique repose sur les mêmes principes que la multiplication arithmétique ; mais comme ces principes s'étendent à des quantités quelconques, il est nécessaire d'en reprendre les démonstrations.

1er *principe.* Un produit ne change pas de valeur, quel que soit l'ordre des facteurs qui le composent.

Ainsi

$$a \times b \times c \times d = b \times a \times c \times d.$$

Ce principe a été démontré pour les nombres entiers en arithmétique.

S'il s'agit de quantités fractionnaires, on a

$$\frac{p}{p'} \times \frac{q}{q'} \times \frac{r}{r'} = \frac{q}{q'} \times \frac{p}{p'} \times \frac{r}{r'},$$

car

$$\frac{p \times q \times r}{p' \times q' \times r'} = \frac{q \times p \times r}{q' \times p' \times r'}.$$

Il est facile de voir qu'il est encore vrai pour des quantités incommensurables.

Pour cela il est nécessaire de bien comprendre ce qu'on entend par le produit de deux quantités incommensurables.

Soient pour cela deux quantités incommensurables a et b ; elles peuvent être toujours supposées comprises entre des quantités fractionnaires qui diffèrent entre elles d'une quantité aussi petite que l'on voudra ; ainsi :

$$\alpha < a < \alpha + \delta$$
$$\beta < b < \beta + \delta'.$$

Le produit de a par b sera donc compris entre deux produits ,

$\alpha.\beta$ et $(\alpha+\beta)$ $(\beta+\delta')$, qui pourront différer aussi peu qu'on voudra. Ces deux produits convergent vers une certaine limite qui est la valeur du produit des deux quantités incommensurables.

Cela posé, le théorème précédent étant vrai pour des quantités fractionnaires, il sera vrai pour des quantités qui pourront approcher autant que l'on voudra des quantités incommensurables considérées; il sera donc vrai à la limite.

2e *principe.* Pour multiplier un nombre P par un produit de deux facteurs $a\times b$, il suffit de multiplier ce nombre successivement par les deux facteurs, quel que soit l'ordre des multiplications.

Ainsi

$$P\times(a.b)=P\times a\times b=P\times b\times a.$$

En effet si a et b sont entiers, il est clair que la colonne qui contiendrait P ab fois, pourrait se diviser en b groupes, contenant a fois P, ou réciproquement. Si a et b sont fractionnaires, on aura aussi

$$P\times\left(\frac{p}{q}.\frac{p'}{q'}\right)=P.\frac{p}{q}.\frac{p'}{q'}; \qquad (1)$$

car

$$\frac{p}{q}.\frac{p'}{q'}=\frac{p.p'}{q.q'};$$

donc

$$P.\left(\frac{p}{q}.\frac{p'}{q'}\right)=\frac{P.(p.p')}{qq'}=\frac{P.p.p'}{q.q'}.$$

Or, si on effectue le deuxième membre de l'égalité (1), on retombe sur cette dernière expression.

Si a et b sont incommensurables, le théorème sera également vrai.

Donc on a toujours, quelles que soient les quantités a et b,

$$P\times(a.b)=P\times a\times b.$$

Il est facile d'étendre ce principe au cas où le nombre des facteurs est quelconque.

Ainsi :

$$P\times(a.b.c.d)=P\times a\times b\times c\times d;$$

car

$$\mathrm{P}.(a.b.c.d)=\mathrm{P}[(abc).d]=\mathrm{P}.abc.d,$$
$$\mathrm{P}.(abc)=\mathrm{P}[(ab).c]=\mathrm{P}.ab.c,$$
$$\mathrm{P}.(a.b)=\mathrm{P}.a.b;$$

donc

$$\mathrm{P}.(a.b.c.d)=\mathrm{P}.a.b.c.d.$$

3e *principe*. Pour multiplier un produit par une quantité quelconque, il suffit de multiplier un des facteurs par cette quantité.

Ainsi

$$(a.b.c.d).\mathrm{P}=a.(b\mathrm{P}).c.d.$$

En effet

$$a(b\mathrm{P}).c.d=a.b.\mathrm{P}.c.d,$$

d'après le principe précédent. Or

$$(a.b.c.d.)\mathrm{P}=a.b.\mathrm{P}.c.d,$$

d'après le premier principe.

Cela posé, considérons les premières quantités composées de l'algèbre.

Loi des exposants dans la multiplication.

Soit à multiplier a^4 par a^6; en général a^m par a^n :

$$a^4\times a^6=a^4\times a\times a\times a\times a\times a\times a=a^{10}=a^{4+6},$$

ou

$$a^m\times a^n=a^m\times a\times a\ldots \text{ pris } n \text{ fois},$$
$$=a\times a\times a\ldots \text{ pris } m+n \text{ fois comme facteur},$$
$$=a^{m+n}.$$

Donc, pour multiplier une même quantité affectée d'exposants différents, il suffit d'affecter cette quantité d'un exposant égal à la somme des exposants qu'elle avait dans les deux facteurs.

Multiplication des monômes.

Soit à multiplier le monôme $3a^5b^3$ par $8a^6b^{10}$. D'après le 2e principe, cela revient à multiplier successivement par 8, par a^6, par b^{10}, le monôme $3a^5b^3$. Or pour multiplier par 8, il suffit, d'après le 3e principe, de multiplier 3 par ce nombre; pour multiplier par a^6, de multiplier a^5; par b^{10}, de multiplier b^3. On aura donc

$$3a^5b^3\times 8a^6b^{10}=3\times 8.a^{5+6}.b^{3+10}=24.a^{11}.b^{13}.$$

Donc, *pour multiplier deux monômes, il suffit de multiplier les coefficients entre eux et d'affecter les lettres communes d'exposants égaux aux sommes respectives des exposants de ces lettres dans les deux facteurs. Quant aux lettres non communes, on les écrits telles qu'elles sont dans les deux monômes.*

Il est clair que si les monômes étaient pris avec des signes, on devrait suivre la règle des signes établie précédemment.

RÈGLE.

De la multiplication des polynômes.

Pour multiplier deux polynômes l'un par l'autre, il suffit de multiplier chaque terme du polynôme multiplicande par chaque terme du polynôme multiplicateur, en ayant soin d'affecter chaque produit partiel du signe + s'il vient de deux facteurs de mêmes signes, et du signe — s'il vient de deux facteurs de signes contraires.

En effet, soient les deux polynômes P et P' à multiplier

$$P = a + b - c,$$
$$P' = a' - b' + c'.$$

Le produit doit se composer avec P, comme P' se compose avec l'unité; donc

$$P \times P' = Pa' - Pb' + Pc',$$

ou

$$= (a + b - c)a' - (a + b - c)b' + (a + b - c)c'.$$

D'après la même raison que plus haut, puisqu'on peut intervertir l'ordre des facteurs,

$$P \times P' = (aa' + ba' - ca') - (ab' + bb' - cb') + (ac' + bc' - cc'),$$
$$= aa' + ba' - ca' - ab' - bb' + cb' + ac' + bc' - cc',$$

ce qui démontre la règle énoncée.

On voit ici que la règle des signes dans la multiplication se trouve établie sans la considération des quantités négatives isolées, et qu'on est conduit aux mêmes conséquences; ce qui devait être, car ces deux manières d'établir cette règle rentrent au fond l'une dans l'autre.

REMARQUE I.

Des polynômes ordonnés.

Lorsqu'on écrit les termes d'un polynôme de manière à ce que les puissances d'une même lettre dans ces termes aillent successivement en décroissant, on dit que ce polynôme est ordonné par rapport aux puissances décroissantes de cette lettre; dans le cas inverse, on dit qu'il est ordonné par rapport aux puissances croissantes. — La lettre s'appelle lettre ordonnatrice.

Exemple :

$$x^5 - ax^4 + bx^3 - cx^2 - d,$$
$$x^2 - ax^6 + bx^{10} - cx^{15} + dx^{20}.$$

La multiplication de deux polynômes ordonnés conduit à une remarque importante pour la division : *c'est que dans le produit de deux polynômes ordonnés, le terme contenant la lettre ordonnatrice à la puissance la plus élevée, vient uniquement du produit des termes contenant dans les deux polynômes facteurs, cette lettre à la puissance la plus élevée, et inversement que le terme contenant la lettre ordonnatrice à la plus petite puissance, vient uniquement aussi des termes contenant la lettre ordonnatrice à la plus faible puissance.*

Un exemple peut éclaircir ce fait s'il ne paraissait pas suffisamment évident.

Soit l'opération

$$\begin{array}{l}
x^3 + 2\,x^2 + 3x + 1 \\
x^2 + x \quad + 1 \\
\hline
\begin{array}{l|l|l|l|l}
x^5 + 2 & x^4 + 3 & x^3 + 1 & x^2 & \\
\quad + 1 & \quad + 2 & \quad + 3 & \quad + 1 & x \\
 & & \quad + 2 & \quad + 3 & + 1
\end{array} \\
\hline
x^5 + 3\,x^4 + 5\,x^3 + 6\,x^2 + 4\,x + 1.
\end{array}$$

x^5 vient de $x^3 + x^2$, et 1 du produit des deux derniers termes.

Lorsqu'on veut ordonner un polynôme par rapport à une certaine lettre, il faut avoir soin de réunir dans un même coefficient toutes les quantités qui multiplient une même puissance de la lettre ordonnatrice.

Ainsi pour ordonner

$$ax^5 + bx^4 + a'x^5 - b'x^4 + cx^2 + dx - c'x^2 - d'x - e,$$

il faudrait écrire

$$(a + a')x^5 + (b - b')x^4 + (c - c')x^2 + (d - d')x + e;$$

on écrit aussi les coefficients en colonne verticale, comme on l'a fait dans l'opération précédente.

$$\begin{array}{r|l|l|l|l} a & x^5 + b & x^4 + c & x^2 + d & x + e. \\ +a' & -b' & -c' & -d' & \end{array}$$

Cette manière est commode pour le calcul.

Exemple de multiplication.

Disposition des calculs dans la multiplication des polynômes ordonnés.

$$\begin{array}{l} ax^3 + bx^2 + cx + d, \\ a'x^2 + b'x + c'. \\ \hline \end{array}$$

$$\begin{array}{r|r|r|r|r} aa'x^5 + ba' & x^4 + ca' & x^3 + da' & x^2 & \\ +ba' & +bb' & +cb' & +db' & x \\ & +ac' & +c'b & +cc' & +dc'. \end{array}$$

On voit que par cette manière de disposer l'opération le polynôme qui représente le produit se trouve de suite ordonné.

REMARQUE II.

De quelques exemples remarquables de multiplication.

Lorsqu'on multiplie la somme de deux quantités par leur différence, on a au produit la différence des carrés de ces quantités;

$$\begin{array}{ll} \text{car} & a + b \\ \text{multiplié par} & \underline{a - b} \\ & a^2 + ab \\ & \underline{\quad\; - ab - b^2} \\ \text{donne} & a^2 \quad - \quad b^2. \end{array}$$

Ainsi,

$$(a+b)(a-b) = a^2 - b^2.$$

Les deux membres de cette égalité se remplacent mutuellement, et l'emploi de cette propriété se présente fréquemment dans les calculs algébriques.

Lorsqu'on multiplie deux polynômes, le produit peut être extrêmement simple lorsque les réductions sont faites.

Exemple.

$$\begin{array}{l} a^4 + a^3b + a^2b^2 + ab^3 + b^4 \\ a - b \\ \hline a^5 + a^4b + a^3b^2 + a^2b^3 + ab^4 \\ \quad - a^4b - a^3b^2 - a^2b^3 - ab^4 - b^5 \\ \hline \qquad\qquad a^5 - b^5. \end{array}$$

Produit de m binômes.

Le produit de m binômes, de la forme

$$x+a, x+b, x+c\ldots\ldots, x+l,$$

a une forme remarquable, utile par la suite, et fournit un exemple qui donne une idée de la manière dont on arrive en algèbre à la découverte des lois qui régissent une formule.

Effectuons le produit en question.

$$
\begin{array}{l}
x+a\\
\underline{x+b}\\
\begin{array}{r|l} x^2+a & x+ab. \\ +b & \end{array}\\
\underline{x+c}\\
\begin{array}{r|r|l} x^3+a & x^2+ab & x+abc. \\ +b & +ac & \\ +c & +bc & \end{array}\\
\underline{x+d}\\
\begin{array}{r|r|r|l} x^4+a & x^3+ab & x^2+abc & x+abcd. \\ +b & +ac & +abd & \\ +c & +bc & +acd & \\ +d & +ad & +bcd & \\ & +bd & & \\ & +cd & & \end{array}
\end{array}
$$

Loi de formation du produit.

L'opération nous montre,

1° Que dans chaque produit partiel les exposants de x vont en décroissant d'une unité, depuis l'exposant du premier terme qui est égal au nombre des binômes multipliés;

2° Que, le coefficient du premier terme est l'unité; celui du deuxième terme, la somme des seconds termes des binômes; celui du troisième terme, la somme des produits deux à deux de ces seconds termes; celui du troisième, la somme des produits trois à trois, et ainsi de suite; le dernier terme est égal au produit total des deuxièmes termes.

Il est facile de faire voir que cette loi est générale. Car supposons-la démontrée pour un certain nombre de facteurs, elle sera vraie encore pour un facteur de plus.

Soit, en effet :

$$(x+a)(x+b)(x+c)\ldots(x+k)$$
$$=x^m+A_1x^{m-1}+A_2x^{m-2}+\ldots+A_{n-1}x^{m-n+1}+A_nx^{m-n}+\ldots+A_m.$$

Si l'on multiplie par... $x+l$,

il vient....
$$\begin{array}{l|l|l|l} x^{m+1}+A_1 & x^m+A_2 & x^{m-1}+\ldots+A_n & x^{m-n+1}+\ldots \\ \quad +l & \quad +A_1l & \qquad\qquad +A_{n-1}l & \qquad\qquad +A_{m-1}l. \end{array}$$

On voit donc que la loi des exposants reste la même : quant aux coefficients, le premier est l'unité, le deuxième est encore la somme des seconds termes des binômes multipliés; le troisième se compose de la somme des produits deux à deux, faits avec tous les deuxièmes termes, excepté l, augmentée précisément des produits deux à deux qui contiennent cette lettre : en général, le $(n+1)^e$ coefficient $A_n+A_{n-1}l$ se compose de A_n ou la somme des produits n à n faits avec a, b, c..... k, augmentée de la somme des produits $n-1$ à $n-1$ des mêmes lettres, à la suite de chacun desquels on a écrit la lettre l, ou autrement de la somme des produits n à n qui contiennent la lettre nouvelle.

Donc la loi est vraie pour un facteur de plus : étant vraie pour trois, elle le sera pour quatre, pour cinq, et en général pour un nombre quelconque de facteurs. Cette loi de formation peut servir, comme on le verra plus tard, à découvrir la loi de formation de la puissance m^e d'un binôme de la forme $x+a$.

Si, au lieu de multiplier les binômes précédents, on avait considéré les binômes $x-a$, $x-b$, $x-c$,.., les raisonnements eussent été les mêmes, seulement les termes de rangs pairs eussent été négatifs.

Principes sur la division. — Division algébrique.

La division algébrique a pour but, comme la division arithmétique, de trouver une quantité qui, multipliée par une autre donnée, en reproduise une troisième également donnée. Division algébrique.

Nous considérerons d'abord l'opération sur les quantités les plus simples; elle repose sur les principes suivants, analogues à ceux qui ont été posés dans la multiplication.

1er *principe.* Pour diviser une quantité par un produit, il suffit de diviser successivement par les facteurs de ce produit.

Ainsi,

$$P:a\times b\times c = P:a:b:c.$$

En effet, $P : a : b : c$ est le quotient ; car si on multiplie successivement par c, b et a, ou, ce qui revient au même, par $a \times b \times c$, on retrouve P.

2e *principe.* Pour diviser un produit par une quantité, il suffit de diviser un des facteurs de ce produit par cette quantité.

Ainsi :

$$a\times b\times c:P = a\times(b:P)\times c.$$

En effet, le deuxième membre reproduit $a \times b \times c$ lorsqu'on le multiplie par P; puisqu'il suffit de multiplier un des facteurs par P.

Loi des exposants dans la division. Pour diviser deux puissances différentes d'une même quantité, il suffit de retrancher l'exposant du diviseur de l'exposant du dividende.

$$a^m : a^n = a^{m-n}.$$

Car diviser par a^n revient à diviser successivement n fois par a, ce qui revient à l'ôter n fois comme facteur dans a^m. On pouvait aussi regarder cette opération comme inverse de l'opération analogue dans la multiplication.

REMARQUE.

Des exposants négatifs. Le quotient a^{m-n} de a^m par a^n présente quelques particularités suivant les grandeurs relatives de m et n.

Si $m > n$, $m-n$ est positif, l'exposant est du genre connu. Si $m=n$, $m-n=0$, le quotient se présente sous la forme a^0. Or, ici cette quantité ne peut avoir de signification directe; on y est conduit par l'application de la règle précédente, et elle correspond à la division de a^m par a^m, c'est-à-dire, au quotient 1; on convient donc de dire que toute quantité élevée à la puissance 0 est égale à l'unité.

$$a^0 = 1.$$

Si $m < n$, $m-n$ est négatif; l'exposant du quotient, si on veut opérer de la même manière, demande donc encore une nouvelle interprétation. Or, on est conduit à cette considération par le quotient $a^m : a^n$, dans lequel $m < n$; si donc on divise de part et d'autre par a^m, il vient:

$$\frac{a^m}{a^n} = \frac{1}{a^{n-m}}.$$

a^{n-m} est positif. Le quotient correspond à l'exposant négatif $m-n$; de sorte que

$$\frac{1}{a^{n-m}} = a^{m-n},$$

et si on pose $n = m + d$ pour mettre la quantité négative en évidence,

$$\frac{1}{a^d} = a^{-d}.$$

Cette nouvelle manière d'écrire permet d'opérer sur ces quantités comme sur les quantités affectées d'exposants positifs ; ce qui devait être, puisqu'on y arrive par les considérations propres aux quantités à exposants positifs. Il suffit pour s'en convaincre de considérer le tableau suivant:

Multiplication.

$$a^m \times a^{-n} = a^{m-n}, \quad \text{car} \quad a^m \times a^{-n} = a^m \times \frac{1}{a^n} = \frac{a^m}{a^n},$$

$$a^{-m} \times a^n = a^{-m+n}, \quad \text{car} \quad a^{-m} \times a^n = \frac{1}{a^m} \times a^n = \frac{a^n}{a^m},$$

$$a^{-m} \times a^{-n} = a^{-m-n}, \quad \text{car} \quad a^{-m} \times a^{-n} = \frac{1}{a^m} \times \frac{1}{a^n} = \frac{1}{a^{m+n}}.$$

Division.

$$a^m : a^{-n} = a^{m+n}, \quad \text{car} \quad a^m : a^{-n} = a^m : \frac{1}{a^n} = a^m . a^n = a^{m+n},$$

$$a^{-m} : a^{+n} = a^{-m-m}, \quad \text{car} \quad a^{-m} : a^{+n} = \frac{1}{a^m} : a^n = \frac{1}{a^{m+n}} = a^{-m-n},$$

$$a^{-m} : a^{-n} = a^{-m+m}, \quad \text{car} \quad a^{-m} : a^{-n} = \frac{1}{a^m} : \frac{1}{a^n} = \frac{a^n}{a^m} = a^{n-m}.$$

On voit donc que les règles établies sur les exposants positifs sont applicables aux exposants négatifs. On pourra donc les introduire dans le calcul, ce qui donnera plus d'uniformité aux expressions algébriques et en simplifiera l'écriture.

Pour diviser deux monômes, on divise les coefficients entre eux, on affecte les lettres communes d'exposants égaux à la différence Division des monômes.

des exposants dans le dividende et le diviseur, et on écrit les lettres non communes telles qu'elles sont au dividende, et avec des exposants de signes contraires à ceux qu'elles ont dans le diviseur.

Cette règle est une conséquence nécessaire des deux principes précédents et de la considération des exposants négatifs.

Ainsi,

$$\begin{aligned} 33.a^5.b^3.c^2.d:11a^3b^6ce^1 &= 33a^5b^3c^2d:11:a^3:b^6:c:e^1 \\ &= (33:11)(a^5:a^3)(b^3:b^6)(c^2:c)d:e \\ &= 3.a^{5-3}.b^{3-6}.c^{2-1}.d.\frac{1}{e} \\ &= 3a^2.b^{-3}.c.d.e^{-1}. \end{aligned}$$

Si les monômes ont des signes, on suivra la règle des signes établie précédemment.

RÈGLE.

Division des polynômes. *Pour diviser un polynôme appelé polynôme dividende, par un autre appelé polynôme diviseur, on commence par les ordonner tous deux par rapport aux puissances croissantes ou décroissantes d'une même lettre; puis on obtient le premier terme du quotient, en divisant le premier terme du dividende par le premier terme du diviseur; on multiplie le diviseur par ce terme et on retranche le produit du dividende. On a ainsi un premier reste ordonné comme le dividende et le diviseur. Pour avoir le deuxième terme du quotient, on divise le premier terme du reste par le premier terme du diviseur, et on opère sur ce terme comme on a opéré sur le premier, en considérant le reste comme le dividende primitif. On obtient un deuxième reste sur lequel on opère comme sur le précédent; et ainsi de suite jusqu'à ce que l'on ait déterminé tous les termes du quotient.*

Il est facile de se rendre compte de cette manière d'opérer. Soit à diviser

$$P = Ax^m + Bx^{m'} + Bx^{m''} + \ldots \quad m \gtrless m' \gtrless m''$$

par

$$P' = Ax^n + bx^{n'} + cx^{n''} + \ldots \quad n \gtrless n' \gtrless n''.$$

Représentons le quotient par

$$Q = \alpha x^p + \beta x^{p'} + \gamma x^{p''} + \ldots \quad p \gtrless p' \gtrless p''$$

Puisque $P = P' \times Q$, le premier terme Ax^m viendra uniquement du produit du premier terme de P′ par le premier terme du quotient. Donc réciproquement le premier terme du quotient s'obtiendra en divisant le premier terme du dividende par le premier terme du diviseur.

Ainsi,

$$\alpha x^p = \frac{A . x^m}{a . x^n} = \frac{A}{a} . x^{m-n}.$$

Si maintenant on fait le produit du diviseur P′ par ce terme, et qu'on le retranche du dividende, on aura

$$R = P - P' . \alpha x^p ,$$

et ce reste représentera le produit du diviseur par tous les autres termes du quotient, ou, ce qui revient au même,

$$R = P' (6x^{p'} + \ldots).$$

La question est donc la même que précédemment, et pour avoir le premier terme de cette division partielle, qui sera le deuxième terme du quotient primitif, il suffira de diviser le premier terme du reste par le premier terme de P′ ou du diviseur et ainsi de suite.

REMARQUE I.

Il peut arriver que les coefficients de la lettre ordonnatrice soient des polynômes eux-mêmes; ainsi que A et a, par exemple, que l'on est obligé de diviser l'un par l'autre pour avoir le premier coefficient du quotient, soient composés comme les polynômes primitifs. On devra faire cette division évidemment d'après la même règle, et en définitive on arrivera à ne plus avoir à diviser que des monômes.

REMARQUE II.

Dans la règle précédente on a supposé implicitement que l'opération pouvait se terminer, ou, ce qui revient au même, que le quotient avait un nombre limité de termes; mais il arrive souvent en algèbre, comme en arithmétique, que le dividende n'est pas exactement le produit du diviseur par un polynôme de même forme. Il est important de pouvoir reconnaître si la division peut ou ne peut pas se terminer. Or, puisque le dernier terme du quotient supposé exact, doit reproduire exactement le dernier terme du dividende, lorsqu'on le multiplie par le dernier terme du diviseur, si on est conduit à poser au quotient un terme dans lequel la lettre ordonnatrice est à une puissance plus *petite* ou plus *grande* (suivant que les polynômes sont ordonnés par rapport aux puissances *décroissantes* ou *croissantes*) que la différence qui existe entre les exposants des puissances de cette lettre dans le dernier terme du dividende et dans le dernier terme du diviseur, *la division ne pourra pas se terminer.*

REMARQUE III.

La règle précédente donne lieu à plusieurs observations : d'abord, représentons par S et s les deux derniers exposants, et supposons que les polynômes soient ordonnés par rapport aux puissances décroissantes, ce qui est le cas le plus ordinaire : d'après la remarque précédente, on sera certain que la division ne peut pas se faire entièrement si l'on est conduit à poser au quotient un terme ayant un exposant plus petit que $S - s$. Or, il peut se présenter plusieurs cas.

1° Si $S > s$, $S = s + d$. La dernière puissance de la lettre ordonnatrice étant d, on pourra continuer l'opération jusqu'à ce que l'on arrive à écrire des puissances négatives de la lettre ordonnatrice, quoiqu'on sache que la division ne peut se faire exactement; et alors le reste de l'opération considérée comme faite, sera d'un degré inférieur au diviseur.

2° Si $S = s$. On s'aperçoit que la division est impossible au moment où l'on convient de la terminer si l'on ne veut pas de termes affectés de puissances négatives au quotient.

3° Si $S < s$. La différence $S - s$ est ici négative : on est donc conduit à écrire au quotient des puissances négatives avant d'être certain que la division ne puisse s'effectuer exactement, car il sera possible dans certains cas, avec l'emploi des exposants négatifs de représenter le quotient par une série limitée de termes.

Les exemples suivants, correspondants aux différents cas qui viennent d'être examinés, achèveront d'éclaircir les observations correspondantes.

Exemple I. — *Division simple et se faisant exactement.*

	a^6x^6+6	a^5x^5+15	a^4x^4+20	a^3x^3+15	a^2x^2+6	$ax+1$	$a^4x^4+4a^3x^3+6a^2x^2+4ax+1$
	$-a^6x^6-4$	-6	-4	-1			$a^2x^2+2ax+1$
1er reste.	$+2$	$+9$	$+16$	$+14$			
	-2	-8	-12	-8	-2		
2e reste.	o.	$+1$	$+4$	$+6$	$+4$		
		-1	-4	-6	-4	-1	
3e reste.		o.					

Donc,

$$a^6x^6+6a^5x^5+15a^4x^4+20a^3x^3+15a^2x^2+6ax+1$$
$$=(a^4x^4+4a^3x^3+6a^2x^2+4ax+1)(a^2x^2+2ax+1).$$

Exemple II. — Correspondant à la remarque III, n° 1.

	x^4+2	x^3+3	x^2	x^2+x+1
	$-x^4-1$	-1		x^2+x+1
1er reste.	$+1$	$+2$	(*)	
	-1	-1	-1	x
2e reste.		$+1$	-1	
		-1	-1	-1
3e reste.			$-2x-1.$	

Le quotient est :

$$x^2+x+1-\frac{2x+1}{x^2+x+1}.$$

Exemple III. — Correspondant au n° 2 de la remarque III.

	x^2+2	$x+2$	$x+1$
	$-x^2-1$		$x+1$
1er reste.	$+1$		
	-1	-1	
2e reste.		$+1.$	

Le quotient est dans ce cas

(*) Le premier reste indique que l'opération ne peut se terminer, mais on peut continuer la division jusqu'aux exposants négatifs.

$$x+1+\frac{1}{x+1}.$$

Exemple IV. — Correspondant au n° 3 de la remarque III.

$$\begin{array}{rl|l}
 & x^5+x^4+2x^3+2x^2+2x+1 & x^4+x^3+x^2 \\
 & -x^5-x^4-x^3 & \overline{x+x^{-1}+x^{-2}} \\
\hline
1^{\text{er}}\ \text{reste.} & +x^3+2x^2+2x+1 & \\
 & -x^3-x^2-x & \\
\hline
2^{\text{e}}\ \text{reste.} & +x^2+x+1 & \\
 & -x^2-x-1 & \\
\hline
3^{\text{e}}\ \text{reste.} & 0. &
\end{array}$$

Le quotient est ici

$$x+x^{-1}+x^{-2}=x+\frac{1}{x}+\frac{1}{x^2}.$$

Cette autre manière d'écrire le quotient avec des termes contenant seulement x en dénominateur est quelquefois utile.

Il est clair que cette expression n'est pas du même genre que les quotients précédents qui ne contiennent que des puissances positives de x; mais la forme en est la même. Si l'on avait voulu s'arrêter au premier reste, le quotient aurait été

$$x+\frac{x^3+2x^2+2x+1}{x^4+x^3+x^2}.$$

Or, le quotient est aussi

$$x+\frac{1}{x}+\frac{1}{x^2}=x+\frac{x+1}{x^2}.$$

On voit donc que la division conduit à la simplification de la partie fractionnaire qui complète le quotient.

Exemple V. — *Division composée, dans laquelle les coefficients de la lettre ordonnatrice sont des polynômes.*

Soient les deux polynômes:

$$(a^3-b^3)x^3+(a^2-b^2+a^4-b^4-ab^3+ba^3)x^2+(a^4-b^4+a^3-b^3+ba^2-ab^2)x$$
$$+a^5-ab^4+ba^4-b^5.$$
$$(a^2+ab+b^2)x^2+(a+b)x+a^3+a^2b+ab^2+b^3.$$

On devra disposer l'opération de la manière suivante:

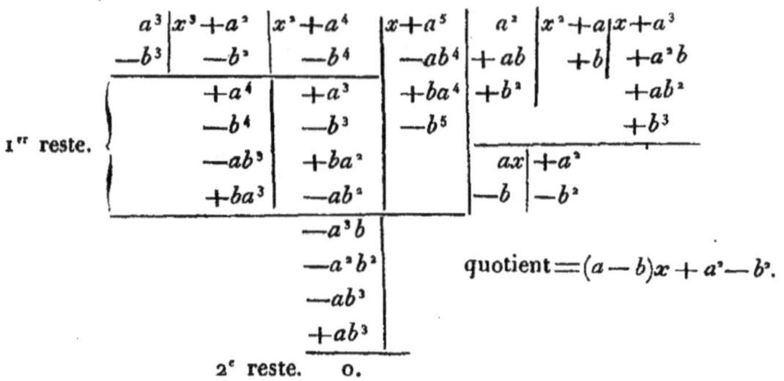

1re division partielle.

$$\begin{array}{r|l} a^3-b^3 & a^2+ab+b^2 \\ -a^3 & a-b \\ \text{1er reste.}\quad -ab^2-b^3 & \\ +a^2b+b^3 & \\ \text{2e reste.}\quad 0. & \end{array}$$

2e division partielle.

$$\begin{array}{r|l} a^4+ab^3-ab^3-b^4 & a^2+ab+b^2 \\ -a^4-a^3b & a^2-b^2 \\ \text{1er reste.}\quad -ab^3-b^4 & \\ +ab^3+b^4 & \\ \text{2e reste.}\quad 0. & \end{array}$$

Ces sortes d'opérations ne présentent aucune difficulté; il faut avoir soin seulement de bien disposer les calculs.

Nous donnerons encore l'exemple suivant, remarquable par l'analogie qu'il offre avec l'exemple du produit de m binômes. Soit à diviser.

$$\frac{1}{(1-ax)(1-bx)(1-cx)(1-dx)(1-ex)\ldots(1-lx)}.$$

Divisons successivement par les facteurs du dénominateur, il vient : Division de l'unité par le produit de m binômes.

1re division.
$$\begin{array}{r|l} 1 & 1-ax \\ \hline +ax & 1+ax+a^2x^2+a^3x^3+\text{etc}\ldots \\ +a^2x^2 & \\ +\text{etc}\ldots & \end{array}$$

2e division.
$$\begin{array}{r|r|l|l} 1+a & x+a^2 & x^3+\ldots & 1-bx. \\ +b & +ab & & 1+a\,|\,x+a^2\,|\,x^2+\text{etc}\ldots \\ & +b^2 & & \;+b\;\;|\;+ab \\ & & & \qquad\;\;|\;+b^2 \end{array}$$

3ᵉ division.	$1+a$	$x+a^2$	$x^2+a\ldots$	$1-cx$		
	$+b$	$+ab$		$1+a$	$x+a^2$	$x^2+\text{etc}\ldots$
	$+c$	$+b^2$		$+b$	$+b^2$	
		$+ac$		$+c$	$+c^2$	
		$+bc$			$+ab$	
		$+c^2$			$+ac$	
					$+bc$	

On voit d'après cela :

1° Que les exposants de x vont en croissant d'une unité depuis o jusqu'à l'infini.

2° Que le coefficient du 1ᵉʳ terme est l'unité; celui du 2ᵉ terme, la somme des coefficients des seconds termes des binômes diviseurs changés de signes; celui du 3ᵉ terme, la somme des produits deux à deux différents, mais dans lesquels le même facteur peut entrer deux fois; et ainsi de suite.

Cette loi remarquable est tout à fait analogue à celle qui a été établie dans la multiplication; elle trouvera son application plus tard, en donnant le moyen de développer la quantité $\frac{1}{(1-ax)^m}$ ou $(1-ax)^{-m}$.

III.

Théorèmes sur la division. — Division d'un polynôme par un binôme. — Des fractions qui se présentent sous la forme de l'indétermination.

THÉORÈME Ier.

Lorsqu'on divise un polynôme ne contenant que des puissances entières de x *par un binôme* x — a, *le reste de la division est égal au résultat de la substitution de* a *à la place de* x *dans le polynôme.*

Théorèmes sur la division d'un polynôme par un binôme de la forme $x \pm a$.

En effet, soit

$$fx = A_0x^m + A_1x^{m-1} + A_2x^{m-2} + \text{etc}\ldots$$

Si on divise fx par $x-a$, comme x n'entre qu'au 1er degré ou à la 1re puissance au diviseur, on pourra pousser la division jusqu'à ce que le reste soit indépendant de x, et l'on aura :

$$fx = (x-a)\,Q + R.$$

Ce résultat étant vrai, quelle que soit la valeur de x, si on fait $x=a$, le reste ne changera pas, puisqu'il ne contient pas x; le produit $(x-a)$ Q disparaîtra, puisque Q ne peut prendre qu'une valeur finie, et on aura :

$$f(a) = R.$$

ou

$$R = A_0a^m + A_1a^{m-1} + \text{etc}\ldots$$

COROLLAIRE Ier.

Pour qu'un polynôme entier par rapport à x, c'est-à-dire, ne contenant que des puissances entières de x, soit exactement divisible par le binôme $x-a$, il faut et il suffit que le résultat de la substitution de a à la place de x soit nul.

Car alors

$$R = fa = 0.$$

COROLLAIRE II.

La différence entre les deux mêmes puissances de deux quantités est toujours divisible par la différence de ces quantités.

Ainsi

$$x^m - a^m = (x - a)\,Q.$$

Car, si on fait $x = a$ dans $x^m - a^m$ il vient $a^m - a^m = 0$.

COROLLAIRE III.

La somme de deux puissances de même indice de deux quantités n'est jamais divisible par la différence de ces quantités.

Ainsi $x^m + a^m$ n'est pas divisible par $x - a$.

Car si on fait $x = a$, on a $2a^m$ pour reste.

COROLLAIRE IV.

La différence entre deux puissances de même indice est divisible par la somme des deux quantités, si m est pair; et la somme des puissances est divisible par la somme des quantités quand m est impair.

Ainsi

$$x^m - a^m = (x + a)\,Q, \text{ si } m \text{ est pair.}$$
$$x^m + a^m = (x + a)\,Q', \text{ si } m \text{ est impair.}$$

La démonstration est la même que précédemment; il suffit de remarquer qu'une puissance paire d'une quantité négative est positive, tandis qu'une puissance impaire est négative.

COROLLAIRE V.

La différence $x^{2p} - a^{2p}$ est toujours divisible par $x^2 - a^2$.

Car, si on fait $x^2 = y$, $a^2 = b$, cela revient à $y^p - b^p$, qui est toujours divisible par $y - b$.

Ainsi

$$a^4 - b^4 = (a^2 - b^2)(a^2 + b^2).$$

On emploie très-souvent en algèbre les conséquences précédentes, qui aident souvent à la simplification des calculs.

THÉORÈME II.

Lorsqu'on divise un polynôme entier par rapport à x, *par un binôme* x — a, *on obtient un quotient dans lequel les exposants vont en décroissant d'une unité, et dont chaque coefficient se forme en multipliant le coefficient précédent par le second terme du binôme changé de signe, et augmentant ce produit du coefficient de même rang dans le dividende.*

On suppose que le polynôme dividende soit complet, c'est-à-dire, que les exposants de x aillent en décroissant d'une unité. Dans le cas où il serait incomplet, on devrait considérer chaque terme manquant comme affecté du coefficient o, et appliquer la loi de la même manière.

En effet, il suffit de former le quotient pour reconnaître cette loi.

Soit :

$$\begin{array}{r|r|r|l|l|l}
A_0x^m + A_1 & x^{m-1} + A_2 & x^{m-1} + \ldots A_m & x - a & & \\
\cline{4-6}
-A_0x^m + A_0a & + A_1a & & A_0x^{m-1} + A_0a & x^{m-2} + A_0a^2 & x^{m-3} + \ldots \\
- A_0a & + A_0a^2 & & \quad + A_1 & \quad + A_1a & \\
- A_1 & - A_0a^2 & & & \quad + A_2 & \\
 & - A_1a & & & & \\
 & - A_2 & & & &
\end{array}$$

Il est évident que si l'on continue l'opération, les coefficients se formeront tous d'après la loi énoncée.

REMARQUE.

Pour obtenir le coefficient de chaque reste partiel, on multiplie le dernier coefficient trouvé au quotient par a, et on l'ajoute au terme suivant dans le dividende; par conséquent le dernier reste sera :

$$A^m + a \left\{ A_0a^{m-1} + A_1a^{m-2} + A_2a^{m-1} + \ldots + A_{m-1} \right\}$$

ou

$$A_0a^m + A_1a^{m-1} + \ldots + A_m.$$

On voit aussi de cette manière que le reste de la division est égal au polynôme proposé, dans lequel on remplace x par le 2e terme du binôme changé de signe.

COROLLAIRE Ier.

Il suit de là que les quotients de $x^m \pm a^m$ par $x \pm a$ auront les formes suivantes :

(1) $$\frac{x^m - a^m}{x-a} = x^{m-1} + ax^{m-2} + \text{etc}\ldots + a^{m-1}.$$

(2) $$\frac{x^m - a^m}{x+a} = x^{m-1} - ax^{m-2} + \text{etc}\ldots + a^{m-1} m \text{ pair}.$$

(3) $$\frac{x^m + a^m}{x-a} = x^{m-1} + ax^{m-2} + \ldots + a^{m-1} + \frac{2a^m}{x-a}.$$

(4) $$\frac{x^m + a^m}{x+a} = x^{m-1} - ax^{m-2} + \ldots + a^{m-1} m \text{ impair}.$$

Dans les cas (2) et (4), si m était impair ou *pair*, il faudrait ajouter $-\frac{2a^m}{x+a}$ ou $\frac{2a^m}{x+a}$ pour compléter le quotient. La partie entière serait toujours de même forme.

COROLLAIRE II.

Polynôme dérivé.

Si on fait $x = a$ dans le quotient, on obtient un résultat qui se déduit du polynôme dividende en multipliant chaque terme par l'exposant de x dans le terme, diminuant cet exposant d'une unité et substituant a à la place de x.

En effet, si on fait $x = a$ dans le quotient, la 1re ligne horizontale devient mA_0a^{m-1}, la 2me $(m-1)Aa^{m-1}$, etc... Donc, en définitive, on a :

(1) $$mA_0a^{m-1} + (m-1)A_1a^{m-2} + \ldots + A_{m-1}.$$

Or, si on fait l'opération indiquée sur le dividende avant la substitution de a à la place de x, on a :

(2) $$mA_0x^{m-1} + (m-1)A_1x^{m-2} + \ldots + A_{m-1},$$

qui rentre dans l'expression (1), lorsqu'on fait $x = a$.

L'expression (2) qui se forme d'après la loi énoncée plus haut, porte le nom de polynôme *dérivé* du polynôme primitif. C'est un polynôme de même nature que le premier, qui peut se traiter de la même manière. — Ce polynôme jouit, par rapport au 1er, de propriétés remarquables, qui seront développées plus tard. Sans entrer dans d'autres développements à ce sujet, pour distinguer ce polynôme de tout autre, par rapport à celui qui sert à le former, si ce dernier est représenté par $f(x)$, ou par X, nous représenterons le polynôme *dérivé* ou la fonction *dérivée* par $f'(x)$ ou par X'.

SCOLIE.

Des fonctions qui se présentent sous la forme $\frac{0}{0}$.

Les considérations précédentes permettent d'établir un fait important, savoir : que toute fraction algébrique de la forme $\frac{A_0x^m + A_1x^{m-1} + \text{etc.}\ldots}{B_0x^p + B_1x^{p-1} + \ldots} = \frac{f(x)}{F(x)}$, qui se présente sous la forme $\frac{0}{0}$, pour une valeur particulière de x, a une valeur déterminée qui s'obtient en prenant la dérivée du numérateur et du dénominateur, et y substituant la valeur particulière à la place de x.

De sorte que, si pour $x=a$, on a $fa=0$, $Fa=0$, $\frac{fx}{Fx}$, qui se présente sous la forme $\frac{0}{0}$, a pour valeur

$$\frac{f'(a)}{F'(a)}.$$

En effet, d'après le cor. Ier du théorème Ier, puisque fa et Fa sont nulles, on a :

$$fx=(x-a).Q$$
$$Fx=(x-a).Q_1.$$

Donc :

$$\frac{fx}{Fx}=\frac{Q}{Q_1}, \text{ en supprimant } x-a.$$

Or, si on fait $x=a$, on sait, d'après le corollaire précédent, que Q et Q_1 deviennent $f'a$ et $F'a$; donc, etc....

REMARQUE Ire.

Il pourrait arriver que $\frac{f'x}{F'x}$ se présentât aussi sous la forme $\frac{0}{0}$. Mais alors on traiterait $f'x$ et $F'x$ comme les fonctions primitives.

REMARQUE II.

On voit aussi que si on désigne par φ la valeur de la fraction, il pourra se présenter les circonstances suivantes :

$$\varphi = 0, \quad \text{si} \quad f'a = 0 \; F'a \lessgtr 0.$$

$$\varphi = n, \quad f'a \lessgtr 0 \; F'a \lessgtr 0.$$

$$\varphi = \infty \quad f'a \gtrless 0 \; F'a = 0.$$

EXEMPLES.

1° Que devient, quand on fait $x = 1$, la fraction $\frac{x^3 - 3x + 2^2}{x^2 - 1}$?

Pour cela $x = 1$ étant facteur des deux termes, on a

$$\frac{x^3 - 3x + 2}{x^2 - 1} = \frac{(x-1)(x^2+x-2)}{(x-1).(x+1)} = \frac{x^2 + x - 2}{x + 1}.$$

Si on fait $x = 1$, on a 0 pour la valeur de la fraction.

On serait arrivé en prenant les dérivées au même résultat; car on a

$$\frac{3x^2 - 3}{2x}, \quad x = 1, \quad \frac{3 - 3}{2} = \frac{0}{2} = 0.$$

2° Que devient la fraction $\frac{x^3 - 4x + 3}{x^2 - 3x + 2}$, lorsqu'on fait $x = 1$?

On a en prenant les dérivées

$$\frac{3x^2 - 4}{2x - 3}, \quad x = 1, \quad \frac{3 - 4}{2 - 3} = 1.$$

3° Que devient la fraction $\frac{4x^3 - 5x + 1}{x^2 - 2x + 2}$ pour $x = 1$?

On a de même

$$\frac{12x^2 - 5}{2x - 2}, \quad x = 1, \quad \frac{12 - 5}{2 - 2} = \infty.$$

LIVRE II.

OU L'ON TRAITE DES PUISSANCES ET DES RACINES.

I.

On a vu que le produit de m facteurs égaux à une même quantité portait le nom de puissance $m^{\text{ième}}$ de cette quantité. Des puissances.

THÉORÈME I.

Pour élever un produit à une puissance quelconque, il suffit d'élever chacun des facteurs à cette puissance :

$$(A.B.C.D)^m = A^m.B^m.C^m.D^m.$$

En effet, d'après les principes (2) et (3) sur la multiplication, on a

$$\begin{aligned}(A.B.C.D)^m &= A.B.C.D.A.B.C.D.\text{etc.}\ldots\\ &= A.A.A\ldots \times B.B.B\ldots \times C.C.C\ldots \times D.D.D\ldots\\ &= A^m \times B^m \times C^m \times D^m.\end{aligned}$$

COROLLAIRE I.

Pour élever a^p à la puissance m, il suffit de multiplier l'exposant p par m, ce qui donne a^{mp}. Loi des exposants.

En effet,

$$a^p = a \times a \times a \times \ldots p \text{ fois}.$$

Donc

$$(a^p)^m = a^m \times a^m \times a^m \ldots = a^{m+m+m\ldots} = a^{p.m}.$$

COROLLAIRE II.

Pour élever un monôme à la puissance m, il suffit d'élever chacun de ses facteurs à cette puissance en multipliant chaque exposant par m. Si le monôme est positif, la puissance sera positive; Puissances des monômes.

dans le cas contraire, la puissance sera positive lorsqu'elle sera de degré pair, et négative lorsqu'elle sera de degré impair.

Cette loi résulte évidemment du théorème et du corollaire I. On a donc

$$(3a^2 . b^3c)^m = 3^m . a^{2m} . b^{3m} . c^m .$$

$$(-3a^2b^3c)^m = \pm 3^m a^{2m} . b^{3m} c^m . \quad \begin{matrix} + \text{si } m \text{ est pair.} \\ - \text{si } m \text{ est impair.} \end{matrix}$$

On peut employer le moyen suivant pour éviter le double signe :

$$(-3a^2b^3c)^m = (-1)^m . 3^m . a^{2m} . b^{3m} . c^m .$$

REMARQUE I.

Si on élève au carré ou au cube, il suffit de doubler ou de tripler chacun des exposants.

Exemple.

$$(4ab^2c^3)^2 = 16a^2b^4c^6,$$
$$(4ab^2c^3)^3 = 64a^3b^6c^9.$$

REMARQUE II.

Un carré doit toujours être positif; un cube peut être positif ou négatif.

En général, une puissance paire d'une quantité positive ou négative est toujours positive, et une puissance impaire d'une quantité négative est toujours négative. On voit donc qu'une quantité négative ne peut jamais être considérée comme une puissance paire des quantités qui ont été considérées jusqu'à présent. D'après cela, lorsqu'on veut en algèbre représenter une quantité essentiellement positive, on emploie un carré.

THÉORÈME II.

Puissance d'un binôme.

Loi de formation de la puissance m^e d'un binôme.

La puissance m^ième^ *d'un binôme de la forme* $(x+a)$ *se compose d'une suite de termes commençant par* x^m, *dans lesquels les exposants de* x *vont en décroissant d'une unité depuis* m *jusqu'à zéro, et ceux de* a *en croissant d'une unité depuis zéro jusqu'à* m, *et dont chaque coefficient s'obtient au moyen du coefficient du terme précédent, en multipliant ce coefficient par l'exposant de* x *dans ce terme, et le divisant par l'exposant de* a *dans le terme dont on forme le coefficient, ou, ce qui revient au même, par le nombre des termes déjà formés.*

D'où il suit que

$$(x+a)^m = x^m + \frac{m}{1} a x^{m-1} + \frac{m(m-1)}{1.2} a^2 x^{m-2} + \frac{m(m-1)(m-2)}{1.2.3} a^3 x^{m-3} + \text{etc.} \ldots$$ Formule de Newton.

Pour démontrer ce théorème, nous démontrerons, 1° la loi des exposants; 2° la loi des coefficients.

Pour cela, formons les puissances successives de $x + a$, il vient:

$$\begin{array}{rl} & x+a \\ & x+a \\ \hline & x^2+a \mid x+a^2 \\ & \quad +a \mid \\ \hline (x+a)^2 = & x^2+2ax+a^2 \end{array}$$

$$\begin{array}{rl} & x+a \\ \hline & x^3+2a \mid x^2+a^2 \mid x \\ & \quad + a \mid \quad +2a^2 \mid +a^3 \\ \hline (x+a)^3 = & x^3+3ax^2+3a^2x+a^3. \end{array}$$

On voit que les exposants de x vont en décroissant de l'unité depuis la puissance à laquelle on élève le binôme jusqu'à zéro; et que ceux de a suivent la marche inverse; de plus, que le coefficient du premier terme est l'unité, et que le coefficient du deuxième terme est égal à l'indice de la puissance. Il est facile de voir que si cette loi est vraie pour la puissance p, elle est encore vraie pour la puissance $p+1$. Car soit

$$(x+a)^p = x^p + pa^{p-1} + Aa^2x^{p-2} + Ba^3x^{p-3} + \text{etc.} \ldots$$

Multipliant par $\quad x+a$

il vient $\quad (x+a)^{p+1} = x^{p+1} + p \mid ax^p + A \mid a^2x^{p-1} + \ldots$
$\qquad\qquad\qquad\qquad\qquad\qquad + 1 \mid \quad + p \mid$

ou $\quad (x+a)^{p+1} = x^{p+1} + (p+1)ax^p + A'.a^2x^{p-2} + B'a^3x^{p-3} + \ldots$

Donc, etc.

La loi des exposants étant démontrée, elle fait voir que le nombre des termes du développement est égal au degré de la puissance plus un. Il est aisé actuellement de démontrer la loi des coefficients, d'après la connaissance que l'on a des deux premiers. En effet, on a évidemment, en remplaçant a par $b+y$,

$$(x+a)^m = [x+(y+b)]^m.$$

Mais $x+(y+b)$ peut être regardé comme $(x+b)+y$, et on devra avoir identiquement le même résultat en développant

$$[x+(y+b)]^m \quad \text{ou} \quad [(x+b)+y]^m.$$

Or, soit

$$[x+(y+b)]^m = x^m + m(y+b)x^{m-1} + \ldots + A(y+b)^{n-1}x^{m-n+1} + B(y+b)^n x^{m-n} + \ldots$$

on aura

$$[(x+b)+y]^m = (x+b)^m + my(x+b)^{m-1} + \ldots + Ay^{n-1}(x+b)^{m-n+1} + By^n(x+b)^{m-n} \ldots$$

Les deux résultats devant être identiques, il faut que les coefficients des termes semblables soient égaux. Or, le deuxième de $B(y+b)^n x^{m-n}$ est

(1) $$B.n.y^{n-1}.b.x^{m-n}.$$

Le deuxième terme de $Ay^{n-1}(x+b)^{m-n+1}$ est

(2) $$A(m-n+1).y^{n-1}.x^{m-n}.b.$$

Donc il faut que

$$B.n = A(m-n+1)$$

$$B = \frac{m-n+1}{n}.A.$$

Ce qu'il fallait démontrer.

Il est bien clair que les termes (1) et (2) sont uniques de leur espèce; car parmi les termes qui ne contiennent que b, il est facile de voir, à l'inspection des deux développements, que ce sont les seuls qui contiennent x à la puissance $m-n$, et y à la puissance $n-1$.

Autre démonstration.

On peut aussi démontrer la loi et la formation des termes de la série donnant le développement de la puissance m^e d'un binôme à l'aide du produit des binômes $(x+a)(x+b)\ldots.(x+l)$ qui a été considéré précédemment. (Page 24, livre I.) Car on a

$$(x+a)(x+b)\ldots(x+l) = x^m + P_1 x^{m-1} + P_2 x^{m-2} + \ldots P_m.$$

P_1, P_2, P_3, P_m représentant la somme des produits 1 à 1, 2 à 2,

3 à 3, m à m des seconds termes des binômes multipliés. Donc, si on fait $a=b=c$, etc., on aura, en représentant par A, B, C, D..., les nombres des produits différents un à un, deux à deux, trois à trois... que l'on peut faire avec m lettres,

$$(x+a)^m = x^m + Aa.x^{m-1} + Ba^2.x^{m-2} + Ca^3.x^{m-3} + \ldots + a^m.$$

Ce qui démontre la loi des exposants. Il reste à trouver en général combien on peut faire de produits différents avec m quantités, en les prenant 2 à 2, 3 à 3, etc..., une même quantité n'entrant qu'une fois dans chaque produit.

Pour cela, désignons par $P_{m,n}$ le nombre de produits différents de m quantités prises n à n; si tous les produits étaient formés, le nombre des lettres écrites serait

$$n.P_{m,n},$$

puisque chaque produit en contient n.

Cela posé, si on prend tous les produits qui contiennent la lettre a, par exemple, il est évident qu'il y en aura autant que l'on peut faire de produits différents avec les $m-1$ autres quantités prises $n-1$ à $n-1$. Donc la lettre a se trouvera écrite un nombre de fois marqué par

$$P_{m-1,n-1}.$$

Or, chaque lettre ou quantité entre le même nombre de fois; donc, comme il y en a m,

$$m.P_{m-1,n-1}$$

sera aussi le nombre des lettres écrites.

Par suite,

$$n.P_{m,n} = m.P_{m-1,n-1};$$

d'où

$$(n-1)P_{m-1,n-1} = (m-1).P_{m-2,n-2}.$$

$$\vdots$$

$$2.P_{m-n+2,2} = (m-n+2).P_{m-n+1,1}.$$

Or, on a évidemment

$$P_{m-n+1,1} = m-n+1.$$

Par suite en multipliant toutes ces égalités membre à membre, il vient, en supprimant les facteurs communs :

$$n(n-1)(n-2)\ldots 2.P_{m,n}=m(m-1)(m-2)\ldots(m-n+1),$$

d'où

$$P_{m,n}=\frac{m(m-1)(m-2)\ldots(m-n+1)}{1.2.3\ldots n}.$$

Actuellement si on fait

$$n=1,\ 2,\ 3,\ 4,\ 5\ldots,$$

il vient

$$A=m,\quad B=\frac{m(m-1)}{1.2},\quad C=\frac{m(m-1)(m-2)}{1.2.3},\ \text{etc}\ldots$$

Ce qui démontre la loi des coefficients.

REMARQUE.

Le nombre des produits différents étant toujours un nombre entier, on voit que le produit de n nombres consécutifs est toujours divisible par le produit des n premiers nombres.

COROLLAIRE I.

Le développement de la puissance $m^{\text{ième}}$ du binôme $x-a$ s'obtient en changeant les signes des termes de rang pair dans le développement précédent. En effet, il suffit de changer a en $-a$, ce qui changera de signe précisément tous les termes de rang pair, puisqu'ils contiennent des puissances impaires de a; d'où

$$(x-a)^m=x^m-max^{m-1}+\frac{m(m-1)}{1.2}a^2x^{m-2}-\text{etc}\ldots\pm a^m.$$

Le dernier terme sera positif si m est pair, et négatif si m est impair.

COROLLAIRE II.

La somme des coefficients des termes de développement est égale à la $m^{\text{ième}}$ puissance de 2, et la somme des coefficients de rang pair est égale à la somme des coefficients de rang impair.

En effet, si dans les développements de $(x+a)^m$ et de $(x-a)^m$ on fait $x=a=1$, il vient, pour le premier,

$$2^m=1+m+\frac{m(m-1)}{1.2}+\text{etc}\ldots$$

Pour le second,

$$0 = 1 - m + \frac{m(m-1)}{1.2} - \frac{m(m-1)(m-2)}{1.2.3} + \text{etc.}..$$

COROLLAIRE III.

Les coefficients à égale distance des extrêmes sont égaux.

En effet, le terme qui en a n avant lui, a pour coefficient $P_{m,n}$ ou le nombre des produits différents de m lettres n à n; le terme qui en a n après lui, en a $m-n$ avant; donc son coefficient est $P_{m,m-n}$. Or, $P_{m,n} = P_{m,m-n}$, puisqu'à chaque produit différent de n lettres en correspond un, composé des $m-n$ lettres restantes. On peut aussi remarquer que ces coefficients sont :

$$\frac{m(m-1)\ldots(m-n+1)}{1.2\ldots n} \quad \text{et} \quad \frac{m(m-1)\ldots(n+1)}{1.2.3\ldots m-n}.$$

Si on réduit au même dénominateur, il vient pour les deux

$$\frac{m(m-1)(m-2)\ldots 3.2.1.}{1.2.3\ldots n.1.2.3\ldots(m-n)}.$$

COROLLAIRE IV.

Les coefficients vont en croissant jusqu'au terme du milieu ou jusqu'aux termes du milieu, suivant que le degré de la puissance est pair ou impair.

En effet, représentons par C_{n+1} et C_n les coefficients du $(n+1)^e$ et du n^e terme, on a :

$$C_{n+1} = C_n.\frac{m-n+1}{n}.$$

Donc tant que

$$\frac{m-n+1}{n} > 1,$$

les coefficients iront en croissant, ou ce qui revient au même, tant que

$$n < \frac{m+1}{2}.$$

Or, il peut se présenter deux cas.

1° m pair ou $m = 2p$; ce qui donne

$$n < p + \frac{1}{2}.$$

Donc les coefficients iront en croissant jusqu'au $(p+1)^e$, qui sera le coefficient du milieu et le plus grand de tous.

2° m impair ou $m=2p+1$; ce qui donne

$$n < p+1.$$

Donc les coefficients vont encore en croissant jusqu'au $(m+1)^e$; mais le $(p+2)^e$ est aussi grand que ce dernier; car dans ce cas le rapport

$$\frac{m-n+1}{n}$$

devient 1, lorsqu'on fait $n=p+1$.

$$n=p+1, \frac{m-n+1}{n}=\frac{2p+1-(p+1)+1}{p+1}=\frac{p+1}{p+1}=1.$$

THÉORÈME II.

Puissance d'un polynôme.

Le développement de la puissance m^{ième} *d'un polynôme composé de* p *termes, s'obtient en ajoutant toutes les combinaisons de ces* p *termes* m *à* m, *chaque terme étant pris autant de fois que l'on veut, pourvu que ce nombre de fois ne dépasse pas* m, *et leur donnant pour coefficients le produit des* m *premiers nombres divisé par le produit de tous les produits des nombres consécutifs, commençant par* 1 *et finissant respectivement aux nombres qui indiquent les puissances des termes du polynôme qui forment le terme que l'on considère.*

Il est clair que dans cet énoncé chaque terme conserve son signe.

De sorte que si on représente par T un terme quelconque du développement, on aura

$$T=\frac{1.2.3\ldots m}{1.2.3\ldots n \times 1.2.3\ldots q \times 1.2.3\ldots r\ldots} a^n.b^q.c^r\ldots$$

a, b, c étant les termes du polynôme, et m étant égal à la somme des exposants n, q, r, etc.

Pour démontrer ce théorème remarquons que la puissance $m^{\text{ième}}$ du polynôme $P=a+b+c+d.....$ peut s'obtenir en le considérant comme étant égal à $a+(b+c+d.....)$; et le traitant comme un binôme; le terme général sera alors

$$t=\frac{m(m-1)\ldots(m-n+1)}{1.2.3\ldots n}.a^n.(b+c+d+\ldots)^{m-n};$$

ou, en multipliant haut et bas par 1. 2. 3..... $m-n$.

$$t = \frac{m(m-1)\ldots 1}{1.2.3\ldots n \times 1.2.3\ldots(m-n)} . a^n . (b+c+d\ldots)^{m-n}.$$

Par la même raison, le terme général du développement $(b+c+d......)^{m-n}$, en considérant $c+d+$ etc... comme une seule quantité, sera

$$t' = \frac{(m-n)(m-n-1)\ldots 1}{1.2.3\ldots q \times 1.2.3\ldots m-n-q} . b^q (c+d\ldots)^{m-n-q}.$$

De même pour $(c+d.....)^{m-n-q}$ on aura

$$t'' = \frac{(m-n-q)\ldots 3.2.1}{1.2.3\ldots r \times 1.2.3\ldots(m-n-q-r)} . c^r . (d+\text{etc}\ldots)^{m-n-p-r};$$

et ainsi de suite. Donc un terme quelconque du développement de la puissance m^e du polynôme sera

$$T = t.t'.t''\ldots = \frac{m(m-1)\ldots 3.2.1}{1.2.3\ldots n \times 1.2.3\ldots q \times 1.2.3\ldots r \times 1\ldots} a^n . b^q . c^r, \text{ etc}\ldots,$$

en supprimant $(m-n)\ldots 1$, $(m-n-q)\ldots 1$, etc..., qui sont facteurs au numérateur et au dénominateur.

REMARQUE.

Les coefficients des termes a^m, b^m, c^m, etc..., seront tous égaux à l'unité; car d'après l'énoncé les coefficients sont alors

$$\left(\frac{1.2.3\ldots m}{1.2.3\ldots m}\right);$$

ce qui était évident *à priori*.

COROLLAIRE I.

Les coefficients étant évidemment des nombres entiers, il s'ensuit que le produit des m premiers nombres est toujours divisible par le produit de produits de même nature, mais se terminant par des nombres dont la somme est égale à m.

Ainsi

$$\frac{1.2.3\ldots 20}{1.2\ldots 8 \times 1.2.3\ldots 5 \times 1.2.3\ldots 7}$$

est un nombre entier.

COROLLAIRE II.

La somme algébrique des coefficients de la puissance m^e d'un polynôme est égale à la valeur que prend ce polynôme lorsqu'on remplace tous les termes par l'unité, en leur conservant leurs signes, élevée à la puissance m.

En effet, si $P = a + b + c\ldots$, et si on fait a, b, c... numériquement égaux à 1, en désignant par S la valeur du polynôme, puisque chaque terme du développement se réduit à son coefficient, on a

$$S^m = c_1 + c_2 + \text{etc.}\ldots,$$

en représentant par c_1, c_2, etc... les coefficients avec leurs signes. Si tous les termes du polynôme sont positifs, et si p en indique toujours le nombre, on aura

$$p^m = c_1 + c_2 + \text{etc.}\ldots$$

c_1, c_2.... seront aussi tous positifs.

COROLLAIRE III.

Le carré d'un polynôme se compose de la somme des carrés de chacun de ses termes augmenté de leurs doubles rectangles.

Ainsi,

$$(a+b+c+d)^2 = a^2+b^2+c^2+d^2+2ab+2ac+2ad+2bc+2bd+2cd.$$

COROLLAIRE IV.

Le cube d'un polynôme quelconque est égal à la somme des cubes de ses termes, plus trois fois la somme des produits de chacun des carrés de ses termes par tous les autres, plus six fois la somme des triples produits des termes.

Ainsi,

$$(a+b+c+d)^3 = a^3+b^3+c^3+d^3+3(a^2b+a^2c\ldots+b^2a+\ldots)+6(abc+abd\ldots)$$

REMARQUE I.

Nombre des termes.

Il est aisé de déterminer le nombre des termes du développement de la puissance m^e d'un polynôme composé de p termes.

En effet, on sait qu'un binôme élevé à la puissance m contient $m+1$ termes; si l'on considère un trinôme, on aura :

$$(a+b+c)^m = a^m + m(b+c).a^{m-1} + \frac{m(m-1)}{1.2}(b+c)^2.a^{m-2} + \ldots + (b+c)^m.$$

Il y aura donc un nombre de termes marqué par

$$1+2+3+4+\ldots+(m+1) = \frac{(m+1)(m+2)}{2}.$$

Si l'on prend un quatrinôme le nombre des termes sera,

$$1 + \frac{2.3}{2} + \frac{3.4}{2} + \frac{4.5}{2} + \text{etc.} \ldots + \frac{m(m+1)}{2} + \frac{(m+1)(m+2)}{2}.$$

Or,

$$1 + \frac{2.3}{2} = \frac{2.3}{2.3} + \frac{2.3}{2} = \frac{2.3.4}{1.2.3},$$

$$1 + \frac{2.3}{2} + \frac{3.4}{2} = \frac{2.3.4}{1.2.3} + \frac{3.4}{2} = \frac{3.4.5}{1.2.3};$$

et ainsi de suite. Le nombre des termes sera donc :

$$\frac{(m+1)(m+2)(m+3)}{1.2.3}.$$

Si on passe à un polynôme ayant cinq termes, on aurait à faire la somme

$$1 + \frac{2.3.4}{1.2.3} + \frac{3.4.5}{1.2.3} + \frac{4.5.6}{1.2.3} + \text{etc.} \ldots + \frac{(m+1)(m+2)(m+3)}{1.2.3}.$$

Or,

$$1 + \frac{2.3.4}{1.2.4} = \frac{2.3.4}{2.3.4} + \frac{2.3.4}{1.2.3} = \frac{2.3.4.5}{1.2.3.4},$$

$$\frac{2.3.4.5}{1.2.3.3} + \frac{3.4.5}{1.2.3} = \frac{3.4.5.6}{1.2.3.4};$$

et ainsi de suite. Le nombre des termes sera donc :

$$\frac{(m+1)(m+2)(m+3)(m+4)}{1.2.3.4}.$$

S'il y a p termes, le nombre N cherché sera

$$N = \frac{(m+1)(m+2)\ldots(m+p-2)(m+p-1)}{1.2.3\ldots(p-1)}.$$

REMARQUE II.

On peut déterminer le nombre des *combinaisons* ou le nombre des *produits différents* que l'on peut faire avec m quantités, en les

Autre manière de déterminer le nombre des

combinaisons de *m* lettres *n* à *n*. prenant *n* à *n* en les considérant sous un point de vue différent de celui qui nous a servi à les déterminer page 45.

Arrangements. Pour cela on appelle *arrangements* de *m* lettres *n* à *n* tous les groupes de *n* lettres prises parmi les *m* lettres données qui diffèrent au moins par l'ordre des lettres.

Le nombre de ces arrangements est, en le désignant par $A_{m,n}$,

$$A_{m,n}=m(m-1)\ldots(m-n+1).$$

En effet, si on désigne par $A_{m,n-1}$ le nombre des arrangements des *m* lettres $n-1$ à $n-1$, pour passer de ces *arrangements* aux arrangements *n* à *n*, il suffira de placer successivement à la suite de chaque arrangement de $n-1$ lettres les $m-n+1$ lettres restantes. Donc, à chaque arrangement de $n-1$ lettres en correspond $m-n+1$ de *n* lettres; donc,

$$A_{m,n}=(m-n+1)A_{m,n-1}.$$

Or $A_{m,1}=m.$

Donc $A_{m,2}=(m-1)A_{m,1}=(m-1).m$ ou $m(m-1).$

$$A_{m,3}=m(m-1)(m-2).$$

$$A_{m,4}=m(m-1)(m-2)(m-3).$$

E général,

$$A_{m,n}=m(m-1)\ldots(m-n+1).$$

Permutations. Si on supposait que tous les arrangements continssent toutes les lettres, il suffirait de faire $n=m$: dans ce cas, les arrangements sont appelés *permutations*. On a alors le nombre de permutations de *n* lettres :

$$A_{n,n}=n(n-1)\ldots3.2.1.$$

On peut arriver à cette formule directement.

En effet, si à la suite d'une permutation de $n-1$ lettres on en écrit une nouvelle, et qu'on lui fasse prendre successivement les $n-1$ autres places dans la permutation, on voit qu'à chaque permutation de $n-1$ lettres en correspond *n* de *n* lettres. Donc,

$$A_{n,n}=nA_{n-1,n-1}.$$

Or, $A_{n,1}=1$. Donc,

$$A_{2,2}=2.$$

$$A_{3,3}=2.3.$$

$$A_{4,4}=2.3.4.$$

En général,

$$A_{n,n} = 2.3.4\ldots(n-1).n.$$

Cela posé, les *combinaisons* de m lettres n à n donneront tous les arrangements de m lettres n à n, si dans chaque combinaison on fait toutes les permutations possibles. Donc, en représentant par $P_{m,n}$ le nombre de combinaisons, on aura: Combinaisons.

$$P_{m,n} \times A_{n,n} = A_{m,n}.$$

D'où,

$$P_{m,n} = \frac{A_{m,n}}{A_{n,n}}.$$

Donc,

$$P_{m,n} = \frac{m(m-1)\ldots(m-n+1)}{1.2.3\ldots n}.$$

II.

Des racines des quantités.

On appelle, comme on l'a vu précédemment, racine m^e d'une quantité, la quantité qui, élevée à la puissance m, reproduit la première.

Ainsi a sera la racine m^e de A, si $a^m = A$.

$$(\sqrt{A})^2 = A, \quad (\sqrt[3]{A})^3 = A \ldots (\sqrt[m]{A})^m = A.$$

THÉORÈME I.

Calcul des radicaux arithmétiques.

La racine m^e *d'un produit est égale au produit des racines* m^{es} *de chacun de ses facteurs.*

$$\sqrt[m]{A.B.C.D} = \sqrt[m]{A}.\sqrt[m]{B}.\sqrt[m]{C}.\sqrt[m]{D}.$$

En effet, si on élève le 2e membre de l'égalité à la puissance m, on trouve A.B.C.D; puisqu'on peut élever un produit à la puissance m^e, en élevant chacun des facteurs à cette puissance; donc le 2e membre est bien la racine m^e de A.B.C.D.

COROLLAIRE I.

Pour extraire la racine carrée ou cubique d'un produit, on peut extraire la racine carrée ou cubique de chacun de ses facteurs. Il suffit de supposer $m = 2$ ou $m = 3$.

COROLLAIRE II.

Le produit $A.\sqrt[m]{B}$ est égal à $\sqrt[m]{B.A^m}$. On dit, pour exprimer cette opération, que l'on a *fait passer* A sous le radical; donc, pour faire passer une quantité sous le radical, il suffit de l'élever à une puissance marquée par l'indice de la racine.

Réciproquement, si on remplace $\sqrt[m]{B.A^m}$ par $A.\sqrt[m]{B}$, on dit que l'on a *fait sortir* A du radical. Cette opération et la précédente sont d'un emploi très-fréquent dans le calcul algébrique.

Ainsi on aura

$$\sqrt{a^2.b}=a.\sqrt{b},\quad a\sqrt[3]{b}=\sqrt[3]{a^3.b},\quad \sqrt[5]{a^{10}.b^5.c}=a^2b\sqrt[5]{c}.$$

COROLLAIRE III.

Pour élever un radical à une puissance, il suffit d'élever la quantité sous le radical à cette puissance.

Car

$$\begin{aligned}(\sqrt[m]{A^n})^p&=\sqrt[m]{A^n}.\sqrt[m]{A^n}\ldots p \text{ fois.}\\&=\sqrt[m]{A^n\times A^n\times\ldots p \text{ fois.}}\\&=\sqrt[m]{A^{n.p}}.\end{aligned}$$

THÉORÈME II.

Pour extraire la racine m^e *d'une fraction, il suffit d'extraire la racine de même degré de ses deux termes.*

En effet, si on opère de cette manière et qu'on élève à la puissance m^e, on retrouve la fraction.

Donc

$$\sqrt[m]{\frac{A}{B}}=\frac{\sqrt[m]{A}}{\sqrt[m]{B}},\quad \sqrt[m]{\frac{A^m}{B}}=\frac{A}{\sqrt[m]{B}}\quad \sqrt[m]{\frac{A}{B^m}}=\frac{\sqrt[m]{A}}{B}.$$

COROLLAIRE I.

Pour extraire la racine carrée ou cubique d'une fraction, on peut extraire la racine carrée ou cubique de ses deux termes.

Ainsi

$$\sqrt{\frac{A}{B}}=\frac{\sqrt{A}}{\sqrt{B}},\quad \sqrt{\frac{A^2}{B}}=\frac{A}{\sqrt{B}},\quad \sqrt{\frac{A}{B^2}}=\frac{\sqrt{A}}{B};$$

$$\sqrt[3]{\frac{A}{B}}=\frac{\sqrt[3]{A}}{\sqrt[3]{B}},\quad \sqrt[3]{\frac{A^3}{B}}=\frac{A}{\sqrt[3]{B}},\quad \sqrt[3]{\frac{A}{B^3}}=\frac{\sqrt[3]{A}}{B}.$$

Si les termes de la quantité fractionnaire sont des produits, on pourra leur appliquer les simplications de calcul contenues dans le *corollaire II* du théorème précédent.

Ainsi

$$\sqrt[m]{\frac{a^m.b}{c^m.d}}=\frac{a}{c}.\sqrt[m]{\frac{b}{d}}=\frac{a.\sqrt[m]{b}}{c.\sqrt[m]{d}},$$

$$\sqrt{\frac{a^2.b^2c}{d^2.h}}=\frac{a.b}{d}.\sqrt{\frac{c}{h}},\quad \sqrt[3]{\frac{a^3.b.c^3}{d^3.g}}=\frac{a.c}{d}.\sqrt[3]{\frac{b}{g}}.$$

THÉORÈME III.

Loi des exposants.

Pour extraire la racine m[e] *d'une quantité élevée à la puissance* p = m.q; p, m *et* q *étant des nombres entiers, il suffit de diviser l'exposant* p *par* m, *l'indice du radical.*

Ainsi

$$\sqrt[m]{A^p} = A^q\,; \quad p = m.q.$$

En effet, pour élever le 2e membre de cette égalité à la puissance m^e, il suffit de multiplier son exposant q par m, ce qui donne $A^{m.q}$ ou A^p. Donc le 2e membre est bien la racine m^e de A^p. Ce qu'il fallait démontrer.

COROLLAIRE I.

Pour extraire la racine carrée d'une quantité élevée à une puissance paire, il suffit de diviser l'exposant par deux. — De même pour la racine cubique, on divisera par trois.

$$\sqrt{a^{18}} = a^9. \quad \sqrt[3]{a^{18}} = a^6.$$

SCOLIE.

Exposants fractionnaires.

Lorsque l'exposant n'est pas un multiple exact de l'indice de la racine, on ne peut plus appliquer le théorème précédent ; cependant, si l'on fait l'opération indiquée, on est conduit à un exposant fractionnaire que l'on pourra traiter comme un exposant entier, et qui permettra de se débarrasser du signe radical. Ainsi on convient de représenter

$$\sqrt[m]{A^p} \quad \text{par} \quad A^{\frac{p}{m}};$$

pourvu que l'on opère sur cet exposant comme sur un exposant entier, lorsqu'il s'agit d'élever cette quantité à la puissance m; de sorte que

$$\left(A^{\frac{p}{m}}\right)^m = A^{\frac{p}{m}\times m} = A^p.$$

D'après cela, on pourra écrire indifféremment :

$$\sqrt{a^3} \quad \text{ou} \quad a^{\frac{3}{2}}, \quad \sqrt[3]{a^5} \quad \text{ou} \quad a^{\frac{5}{3}}, \text{ etc...}$$

Il suit évidemment de cette notation qu'un radical étant mis sous la forme d'exposant fractionnaire, si l'on multiplie le dénominateur de l'exposant par un nombre, c'est comme si l'on multipliait l'indice du radical par ce nombre; et que de même, multiplier le numérateur par un nombre, revient à élever la quantité sous le radical à la puissance marquée par ce nombre.

Ainsi

$$a^{\frac{5}{3\times n}} = \sqrt[3\times n]{a^5}, \quad a^{\frac{5p}{3}} = \sqrt[3]{a^{5\times p}}.$$

THÉORÈME IV.

On peut multiplier l'indice d'un radical par un nombre, pourvu que l'on élève la quantité sous le signe radical à une puissance marquée par ce nombre, sans changer la valeur du radical.

Ainsi

$$\sqrt[m]{A} = \sqrt[m.p]{A^p}.$$

En effet, si on élève le 1er membre à la puissance $m.p$, on a

$$\left(\sqrt[m]{A}\right)^{m.p} = \left[\left(\sqrt[m]{A}\right)^m\right]^p = A^p.$$

Donc le 1er membre est bien la racine $mp^{ième}$ de A^p. Ce qu'il fallait démontrer.

COROLLAIRE I.

Si la quantité sous le radical est élevée à une certaine puissance, on pourra multiplier ou diviser l'indice et l'exposant par un même nombre, sans changer la valeur de la quantité radicale.

Ainsi

$$\sqrt[m]{A^p} = \sqrt[ma]{A^{pa}}, \quad \text{ou} \quad \sqrt[ma]{A^{pa}} = \sqrt[m]{A^p}.$$

Car on a

$$\sqrt[ma]{A^{pa}} = \left(\sqrt[ma]{A^a}\right)^p = \left(\sqrt[m]{A}\right)^p = \sqrt[m]{A^p}.$$

Donc si le radical est sous la forme d'exposant fractionnaire, on pourra réduire l'exposant à sa plus simple expression sans changer la valeur de l'expression.

Ainsi

$$\sqrt[10]{A^{15}} = A^{\frac{15}{10}} = A^{\frac{3}{2}}, \quad \sqrt[18]{A^{12}} = A^{\frac{12}{18}} = A^{\frac{2}{3}}.$$

THÉORÈME V.

Pour extraire la racine m^e *d'un radical, il suffit de multiplier son indice par* m.

$$\sqrt[m]{\sqrt[n]{A}}=\sqrt[m.n]{A}.$$

En effet, si on élève successivement à la puissance m et à la puissance n le 1er membre, ce qui revient à élever à la puissance $m.n$, on retrouve A.

COROLLAIRE I.

Il suit de là que pour extraire une racine quatrième on pourra extraire successivement deux racines carrées; une racine sixième, une racine carrée, et une racine cubique, et ainsi de suite.

SCOLIE.

Il suit, de ce qui précède, que l'on peut toujours ramener deux radicaux à avoir même indice, et que l'on peut toujours ramener un produit quelconque de radicaux à un radical unique.

Par exemple :

$$\sqrt[5]{A} \quad \text{et} \quad \sqrt[8]{B},$$

peuvent se remplacer par

$$\sqrt[5.8]{A^8} \quad \text{et} \quad \sqrt[8.5]{B^5}.$$

Donc

$$\sqrt[5]{A}\times\sqrt[8]{B}=\sqrt[8.5]{A^8.B^5}.$$

En général

$$\sqrt[m]{A}\times\sqrt[p]{B}=\sqrt[m.p]{A^p.B^m}.$$

Si m et p ont des facteurs communs, on pourra, pour réduire à un même indice, prendre le plus petit nombre exactement divisible par les deux indices donnés.

Calcul des exposants fractionnaires.

Il résulte aussi, des considérations précédentes, que les règles établies sur les exposants entiers dans la multiplication, la division, etc.... peuvent s'appliquer également aux exposants fractionnaires.

Ainsi

$$a^{\frac{m}{n}} \times a^{\frac{p}{q}} = a^{\frac{mq}{np}} \times a^{\frac{p.n}{n.q}} = \sqrt[nq]{a^{mq}.a^{pn}} = a^{\frac{mq+np}{nq}} = a^{\frac{m}{n}+\frac{p}{q}}$$

$$a^{\frac{m}{n}} : a^{\frac{p}{q}} = a^{\frac{mq}{nq}} : a^{\frac{p.n}{q.n}} = \sqrt{\frac{a^{mq}}{a^{nq}}} = a^{\frac{mq-pn}{nq}} = a^{\frac{m}{n}-\frac{p}{q}}.$$

$$\left(a^{\frac{m}{n}}\right)^{\frac{p}{q}} = a^{\frac{m\times p}{n\times q}} = a^{\frac{m}{n}\times\frac{p}{q}}.$$

$$\sqrt[\frac{p}{q}]{a^{\frac{m}{n}}} = a^{\frac{m}{n}\times\frac{q}{p}} = a^{\frac{m}{n}:\frac{p}{q}}.$$

Les lois sont exactement les mêmes.

REMARQUE.

Les théorèmes précédents sont d'un emploi très-fréquent dans le calcul algébrique ; ils servent à préparer les opérations et à les simplifier le plus possible. Il nous reste actuellement à examiner l'opération de la recherche d'une racine d'une quantité, opération qui porte le nom d'*extraction d'une racine*. Ce qui comprendra, 1° l'extraction de la racine m^e d'une quantité numérique; 2° l'extraction de la racine m^e d'une quantité algébrique.

EXTRACTION DES RACINES.

Extraction de la racine $m^{ième}$ d'un nombre entier.

Une quantité numérique peut être entière, fractionnaire ou incommensurable. Nous donnerons en premier lieu le moyen d'extraire la racine $m^{ième}$ des nombres entiers, les autres cas se ramenant facilement à celui-là.

Extraire la racine $m^{ième}$ d'un nombre entier, c'est trouver un nombre qui, élevé à la puissance $m^{ième}$, reproduise le nombre donné.

Il est à remarquer d'abord que tous les nombres entiers ne peuvent être des puissances m^{es} exactes; car si l'on considère deux nombres entiers consécutifs a et $a+1$, et qu'on les élève à la puissance $m^{ième}$, ces puissances différeront d'un nombre

$$\Delta = (a+1)^m - a^m = ma^{m-1} + \frac{(m-1)}{1.2}.a^{m-2} + \text{etc.}\ldots + 1.$$

Donc il y aura $\Delta - 1$ nombres entiers dont les racines $m^{ièmes}$ seront comprises entre a et $a+1$, c'est-à-dire dont les racines ne sont pas entières. Il est aisé de voir actuellement qu'elles ne peuvent être fractionnaires; car, en supposant la quantité fractionnaire réduite à sa plus simple expression, si on l'élevait à la puissance m^e, on devrait avoir un nombre entier, ce qui est absurde.

Il suit de là que tout nombre entier qui n'est pas la puissance m^e exacte d'un nombre entier, a une racine m^e *incommensurable*.

Cela posé, on voit que le problème dont il s'agit ne pourra se résoudre complétement que dans des cas très-limités. On doit donc se proposer de trouver, 1° le moyen d'extraire une racine lorsqu'elle est exacte; 2° le moyen d'approcher de cette racine à une limite donnée, lorsqu'on ne peut l'exprimer exactement en nombres entiers ou fractionnaires.

Occupons-nous de la première question. Soit N un nombre entier dont il s'agit d'extraire la racine $m^{ième}$. Si ce nombre est inférieur à 10^m, ou s'il a m chiffres au plus, sa racine sera inférieure à 10, et en faisant une table des puissances $m^{ièmes}$ des neuf premiers nombres, on la déterminera par l'inspection de cette table. Si le nombre donné ne s'y trouve pas, il tombera entre deux puissances $m^{ièmes}$ exactes de deux nombres consécutifs; par suite la racine cherchée, qui est incommensurable, tombera entre ces deux nombres, et l'un des deux différera de cette racine d'une quantité moindre que l'unité. Le plus petit des deux nombres trouvés, qui est plus petit que la racine cherchée, est la racine de la plus grande puissance $m^{ième}$ exacte contenue dans le nombre donné; on lui donne le nom de racine $m^{ième}$ *en moins* à une unité près; le plus grand des deux nombres, ou la racine de la plus petite puissance m^e, supérieure au nombre donné, prend le nom de racine m^e *en plus* de ce nombre. Si le nombre donné est plus grand que 10^m, ou s'il a $m+1$ chiffres au moins, sa racine est plus grande que 10, et se composera de dizaines et d'unités. Représentons par a le nombre des dizaines, et par b les unités, la racine sera représentée par $a.10+b$; de sorte que l'on aura

Racine en moins et en plus.

$$N = (a.10 + b)^m = (a.10)^m + m(a.10)^{m-1}.b + \text{etc.}\ldots + b^m.$$

Or, $(a.10)^m = a^m.10^m$; donc la puissance $m^{ième}$ du nombre des dizaines ne peut se trouver que dans le nombre formé en séparant les m derniers chiffres du nombre donné. Cela posé, il est facile de voir que si l'on extrait la racine $m^{\text{ième}}$ à une unité près *en moins* de ce nombre, on aura le nombre des dizaines cherché; en effet, soit B le nombre formé par les m derniers chiffres; A, celui qui est formé par les autres; on aura

$$N = A \cdot 10^m + B.$$

Si α représente la racine $m^{\text{ième}}$ en moins de A à une unité près, il est clair que la racine du nombre N contiendra α dizaines, et qu'elle ne saurait en contenir davantage; car, en prenant une dizaine de plus, la puissance m^e de cette nouvelle quantité surpasserait la première partie du nombre, de 10^m au moins, quantité supérieure à B.

α n'est donc autre chose que a, le nombre des dizaines de la racine cherchée.

La question est maintenant ramenée à extraire la racine m^e d'un nombre A, à une unité près *en moins*, qui contient m chiffres de moins que le nombre proposé.

Si ce nouveau nombre a m chiffres au plus, la table des puissances $m^{\text{ièmes}}$ des neuf premiers nombres donnera sa racine; dans le cas contraire, on raisonnera sur ce nombre comme sur le nombre primitif, c'est-à-dire, que l'on en séparera encore les m derniers chiffres, et que l'on sera ramené à extraire la racine m^e du nombre restant. En continuant le même raisonnement, on voit que l'on est conduit à séparer le nombre en tranches de m chiffres, en allant de la droite à la gauche du nombre, et à extraire la racine de la dernière tranche à gauche, qui se composera de m chiffres au plus. Cette racine étant donnée par la table, elle représentera le nombre des dizaines de la racine du nombre formé par les deux premières tranches à gauche du nombre donné. On voit aussi que ce nombre de dizaines qui n'a qu'un chiffre sera celui des plus hautes unités de la racine totale, et que son ordre sera donné par le nombre des tranches.

Cela posé, soit N' le nombre formé par les deux premières tranches, a' le nombre trouvé des dizaines de sa racine, et b' le chiffre des unités.

On aura

$$N' \overline{\overline{<}} (a'.10 + b')^m = (a'10)^m + m(a'.10)^{m-1} b' + \text{etc.}$$

d'où

$$N' - (a'.10)^m \overline{\overline{<}} m(a'.10)^{m-1}.b' + \text{etc...}$$

Donc si on retranche de la première tranche, la puissance m^e de a', le reste contiendra le produit de m fois la $(m-1)^e$ puissance des dizaines par les unités; ce produit, donnant des unités du m^e ordre, se trouvera dans la partie à gauche du nombre que l'on obtiendrait en séparant les $(m-1)$ derniers chiffres du reste; donc si on divise cette partie à gauche par m fois la $(m-1)^e$ puissance du nombre des dizaines trouvé, on aura le chiffre b' des unités ou un chiffre trop fort; car cette partie contient en outre les unités du m^e ordre pouvant provenir des autres parties de la puissance $m^{ième}$ de la racine $(a'10+b')$. Pour reconnaître si le chiffre donné par la division est bon, on fera la puissance m^e du nombre total ainsi obtenu à la racine, et on verra si elle peut se retrancher du nombre formé par les deux premières tranches, ou N'. Si le chiffre trouvé est trop fort, on le diminuera d'une unité jusqu'à ce que la soustraction soit possible. On trouvera ainsi b'; de sorte que le nombre $a'b'$, composé des deux chiffres a' et b', représentera le nombre des dizaines de la racine du nombre formé par les trois premières tranches; on raisonnera sur ce nombre $a'b'$ comme sur a', et on déterminera le troisième chiffre c' de la racine, et ainsi de suite, jusqu'à ce qu'on ait employé toutes les tranches du nombre donné. Si à la dernière opération on trouve le reste zéro, le nombre N sera une puissance exacte; dans le cas contraire, le nombre trouvé à la racine sera évidemment la racine en moins à une unité près, ou la racine de la plus grande puissance m^e entière contenue dans ce nombre.

D'où il suit cette règle :

Règle de l'extraction de la racine $m^{ième}$ d'un nombre entier.

Pour extraire la racine m^e *d'un nombre entier, on le sépare en tranches de* m *chiffres, en allant de la droite à la gauche de ce nombre; on extrait la racine* m^e *de la dernière tranche à gauche à une unité près en moins, ce qui donne le premier chiffre de la racine; on élève cette partie trouvée à la puissance* m^e *et on la retran-*

che du nombre formé par la première tranche ; à la suite du reste on écrit la tranche suivante, on sépare les (m—1) derniers chiffres du nombre résultant, on divise la partie à gauche par m *fois la* (m—1)^e *puissance de la partie trouvée, et l'on a le chiffre suivant de la racine ou un chiffre trop fort; on fait la puissance* m^e *de la partie trouvée à la racine, on la retranche si l'on peut du nombre formé par les deux premières tranches ; si la soustraction ne peut se faire, on diminue le dernier chiffre écrit à la racine d'une unité, et l'on recommence l'opération précédente ; et ainsi de suite, jusqu'à ce que la soustraction s'effectue. On trouve ainsi le deuxième chiffre de la racine, et l'on raisonne sur le nouveau reste comme sur le précédent, c'est-à-dire, qu'on écrit la tranche suivante à la suite, on en sépare les* m—1 *derniers chiffres, et l'on divise la partie à gauche par* m *fois la* (m—1)^e *puissance de la partie trouvée à la racine, et ainsi de suite jusqu'à l'entier épuisement des tranches.*

REMARQUE I.

La règle précédente donne la règle d'extraction de la racine carrée ou cubique d'un nombre, en remplaçant m par 2 ou par 3. Mais dans ces cas simples, au lieu de faire le carré ou le cube de la partie trouvée, et de le retrancher du nombre formé par les tranches employées, on opère sur les restes partiels en formant les parties qui composent la différence entre le carré ou le cube de la nouvelle partie trouvée de la racine, avec la précédente.

REMARQUE II.

Sachant extraire la racine m^e d'un nombre entier à une unité près, il est aisé d'obtenir cette racine à une approximation aussi petite que l'on voudra.

De l'extraction de la racine $m^{ième}$ d'un nombre à une approximation donnée.

Extraire la racine m^e d'un nombre entier à $\frac{1}{p}$ près, c'est trouver un nombre qui diffère de la véritable racine de moins de $\frac{1}{p}$. Or, si l'unité qui exprime la racine devenait p fois plus petite, le nombre qui la représenterait serait p fois plus grand; le nombre qui en serait la puissance m^e serait donc p^m fois plus grand; donc, si l'on multiplie le nombre donné par p^m, et que l'on extraye la racine m^e du résultat à une unité près, on aura la racine m^e cherchée à une unité près, mais l'unité étant p fois plus petite. Donc, en divisant le nombre trouvé par p, on aura la racine m^e à $\frac{1}{p}$ près, l'unité ayant sa grandeur primitive.

On suppose ici p entier; si, au lieu de donner une fraction de cette nature, on donnait une fraction $\frac{r}{q}$ pour limite de l'approximation, on la mettrait sous la forme

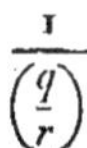

$$\frac{1}{\left(\frac{q}{r}\right)}$$

Seulement, pour extraire la racine m^e du nombre multiplié par $\left(\frac{q}{r}\right)^m$ à une unité près, on effectuerait le quotient à une unité près, et l'on extrairait la racine de ce quotient (*).

REMARQUE III.

De l'extraction de la racine $m^{ième}$ des quantités fractionnaires.

S'il s'agissait de traiter des quantités fractionnaires, on remarquerait d'abord que pour qu'elles fussent des puissances m^{es} exactes, il faudrait qu'étant réduites à leur plus simple expression, leurs termes fussent des puissances m^{es} exactes. — Si cela arrive, il suffit d'*extraire la racine m^e de chacun des termes*.

Dans le cas contraire, on rend le dénominateur une puissance m^e exacte, en multipliant haut et bas par les facteurs convenables, puis l'on extrait la racine des deux termes de la nouvelle fraction. L'approximation a pour limite supérieure l'unité divisée par la racine m^e du dénominateur de l'expression transformée

Si on veut avoir une approximation donnée, on opère exactement comme pour les nombres entiers, en ayant soin toujours, lorsqu'on en vient à extraire la racine, de remplacer la quantité fractionnaire par le quotient en moins à une unité près.

Extraction de la racine m^e des quantités algébriques.

Extraction

Pour extraire la racine m^e d'un monôme, on peut extraire la ra-

(*) Voir pour plus de détails le Traité d'Arithmétique du même auteur.

cine m^e de son coefficient et diviser les exposants de chacun des facteurs littéraux par m.

De la racine $m^{ième}$ d'un monôme.

En effet, la racine m^e d'un produit est égale au produit des racines m^{es} de chacun de ses facteurs.

Donc,

$$\sqrt[m]{N.a^p.b^q.c^r} = \sqrt[m]{N}.a^{\frac{p}{m}}b.^{\frac{q}{m}}.c^{\frac{r}{m}}.$$

Lorsqu'il s'agit d'une racine carrée ou cubique, on extrait la racine *carrée* ou *cubique* du coefficient numérique, et l'on divise les exposants des facteurs littéraux par 2 ou par 3.

De sorte que l'on a

$$\sqrt{4a^6b^2c^4} = 2a^3bc^2. \quad \sqrt[3]{27a^6b^9c^3} = 3a^2b^3c.$$

Extraction de la racine m^ième^ *d'un polynôme.*

L'extraction de la racine m^e d'un polynôme repose sur la composition d'un polynôme considéré comme la puissance m^e de sa racine. Soit P, un polynôme donné et $R = a + b + c +$ etc... $+ l$, sa racine, on devra avoir :

Extraction de la racine $m^{ième}$ d'un polynôme.

$$P = R^m = (a + b + c + d + \dots \text{etc.})^m.$$

Or, dans le polynôme nous pouvons toujours considérer une certaine lettre et supposer la racine ordonnée par rapport aux puissances décroissantes de cette lettre; de sorte que les exposants de cette lettre aillent en décroissant dans les termes de la racine depuis a jusqu'à l. Cela posé, pour faire la puissance m^e de la racine, on pourra la considérer successivement comme composée de son premier terme, augmenté de la somme de tous les autres; de la somme de ses deux premiers termes, augmentée de tous les autres; de la somme de ses trois premiers termes, augmentée de tous les autres, et ainsi de suite jusqu'au dernier terme; ce qui donnera :

$$\begin{aligned} P = R^m &= a^m + ma^{m-1}(b + c + \dots) + \text{etc.}\dots + Ma^{m-n}(b + \dots l)^n \dots \\ &= (a + b)^m + m(a + b)^{m-1}(c + d + \dots) + \text{etc.}\dots \\ &= (a + b + c)^m + m(a + b + c)^{m-1}(a + c + \dots) + \text{etc.}\dots \\ &\vdots \\ &= (a + b + \dots + k)^m + m(a + b + \dots + k)^{m-1}.l + \dots \text{etc.}\dots \end{aligned}$$

Or, tous les termes de ces développements sont du degré m par rapport aux termes $a, b, c, ...l$; le terme le plus élevé par rapport à la lettre ordonnatrice sera donc celui qui contiendra les plus fortes puissances des termes les plus élevés. D'après cela, la première ligne montre que le terme contenant la lettre ordonnatrice à la plus haute puissance est a^m ou la m^e puissance du premier terme de la racine. *Donc, pour avoir le premier terme de la racine il suffira d'extraire la racine* m^e *du terme contenant la lettre ordonnatrice dans le polynôme à la plus haute puissance;* de plus, on voit que si on retranche la puissance m^e du premier terme ainsi déterminé, le terme du reste, contenant la lettre ordonnatrice à la plus haute puissance, sera $ma^{m-1}b$, c'est-à-dire, le produit de m fois la $(m-1)^e$ puissance du premier terme par le second; *donc, si on divise le terme le plus haut dans le reste par* m *fois la* (m—1)^e *puissance du premier terme, on aura le deuxième terme de la racine.*

La seconde ligne montre que, si on retranche du polynôme total $(a+b)^m$, ou la puissance m^e des deux premiers termes trouvés, le terme le plus élevé sera $ma^{m-1}c$. *Donc, en divisant le terme le plus élevé du reste par* ma^{m-1} *ou* m *fois la* (m—1)^e *puissance du premier terme de la racine, on aura le troisième terme.*

En continuant ainsi de suite, on voit donc que pour avoir un terme de la racine, lorsqu'on a trouvé les précédents, il suffit *de faire la puissance* m^e *de la partie trouvée, de la retrancher du polynôme donné, et de diviser le plus haut terme du reste par* m *fois la* (m—1)^e *puissance du premier terme de la racine.*

D'où il suit la règle suivante : en ordonnant le polynôme donné par rapport à une certaine lettre pour plus de commodité.

RÈGLE.

Règle de l'extraction de la racine $m^{ième}$ d'un polynôme.

Pour obtenir la racine m^e *d'un polynôme, on l'ordonne par rapport aux puissances décroissantes d'une certaine lettre, on extrait la racine* m^e *du premier terme, et l'on a le* premier terme *de la racine; on forme* m *fois la* (m—1)^e *puissance de ce premier terme, on divise par cette quantité le deuxième terme du polynôme, et l'on a le* deuxième terme *de la racine; on forme la* m^e *puissance de la partie trouvée à la racine; on la retranche du* polynôme total, *on divise le premier terme du reste par* m *fois la* $(m-1)^e$ *puissance du premier terme de la racine, et l'on a le* troisième terme. *En général, ayant trouvé un certain nombre de termes, pour trouver le suivant, on fera la puissance* m^e *de la partie trouvée, on la retranchera du polynôme donné, et l'on divisera le* premier terme *du reste toujours par* m *fois la* $(m-1)^e$ puissance *du* premier terme de la racine. *On continuera ainsi l'opération jusqu'à ce que la* m^e *puissance des termes écrits à la racine reproduise le polynôme proposé.*

REMARQUE I.

La règle précédente suppose que le polynôme est une puissance m^e exacte; mais il arrive souvent, comme pour les nombres entiers, que le polynôme donné n'est pas une puissance m^e parfaite; pour le reconnaître, on remarquera que le dernier terme de la racine doit reproduire, en l'élevant à la puissance m^e, le dernier terme du polynôme, puisque ce sont les deux termes qui contiennent la lettre ordonnatrice à la plus faible puissance. *Donc, si par la suite des opérations on est conduit à écrire un terme à la racine, contenant la lettre ordonnatrice, à une puissance égale ou inférieure à la plus faible puissance de cette lettre dans le polynôme, divisée par* m, *sans trouver le reste zéro, on peut affirmer que l'opération ne pourra se terminer, et que le polynôme n'est pas une puissance* m^e *exacte.*

REMARQUE II.

On suppose que l'on sache extraire la racine m^e du premier terme; dans le cas où son coefficient serait un polynôme, on raisonnerait sur le coefficient comme sur le polynôme lui-même, et, sa racine une fois obtenue, on continuerait l'opération de la même manière.

REMARQUE III.

Racine carrée ou cubique.

S'il s'agissait d'extraire une racine carrée ou cubique, ce qui se présente le plus ordinairement, il suffirait, dans la règle précédente, de faire $m=2$ ou $=3$. Seulement, comme les puissances sont simples, on peut, comme pour les nombres entiers, former les parties qui complètent les carrés ou les cubes, que l'on retranche successivement, au moyen des carrés ou des cubes des parties qui précèdent, et alors on les retranche des restes partiels, au lieu de retrancher les carrés ou les cubes des parties trouvées, du polynôme total.

Ainsi, pour la racine carrée, si on représente par R un reste correspondant à une partie trouvée s, par t le terme que l'on détermine par ce reste, il suffira, pour passer au reste suivant, de retrancher de R, $2st+t^2$; de sorte qu'en appelant R' le nouveau reste, on a :

$$R' = R - 2st - t^2.$$

Pour la racine cubique, on aurait:

$$R' = R - 3s^2t - 3st^2 - t^3.$$

Quelques exemples éclairciront ces détails théoriques. Extrayons donc une *racine carrée*, une *racine cubique* et une racine *cinquième*. Le tableau des opérations montrera comment on doit disposer les calculs dans les opérations analogues.

Exemple I. Extraire la racine carrée du polynôme

$$x^4 + 4ax^3 + 6a^2x^2 + 4a^3x + a^4.$$

Opération.

	Racine.		
$x^4 + 4ax^3 + 6a^2x^2 + 4a^3x + a^4$	$x^2 + 2ax + a^2$		
$-x^4$	$2x^2$	$2x^2 + 2ax$	$2x^2 + 4ax + a^2$
$-4ax^3 - 4a^2x^2$		$+2ax$	$+a^2$
$+2a^2x^2 + 4a^3x + a^4$		$4ax^3 + 4a^2x^2$	$2a^2x^2 + 4a^3x + a^4$
$-2a^2x^2 - 4a^3x - a^4$			
0			

Lorsqu'on a l'habitude du calcul, dans la pratique on n'écrit pas les termes à soustraire, on fait les réductions des termes semblables et on barre les termes qui sont détruits, ce qui donne le tableau suivant :

(*)			
$\underset{\cdot}{x^4} + \underset{\cdot\cdot}{4ax^3} + 6a^2x^2 + \underset{\cdot\cdot\cdot}{4a^3x} + \underset{\cdot\cdot\cdot}{a^4}$	$x^2 + 2ax + a^2$		
$+ \underset{\cdot\cdot\cdot}{2a^2x^2}$	$2x^2$	$2x^2 + 4ax$	$2x^2 + 4ax + a^2$

(*) Les termes sous lesquels se trouvent un, deux et trois points, disparaissent à la première, à la deuxième et à la troisième opération.

$x^2 + 2ax + a^2$ est donc la racine carrée du polynôme donné.

Exemple II. Extraire la racine cubique du polynôme

$$x^6 + 6ax^5 + 15a^2x^4 + 20a^3x^3 + 15a^4x^2 + 6a^5x + a^6.$$

Opération.

$$\begin{array}{l|l|l}
x^6 + 6ax^5 + 15a^2x^4 + 20a^3x^3 + 15a^4x^2 + 6a^5x + a^6 & \multicolumn{2}{l}{x^2 + 2ax + a^2} \\
\hline
\qquad\qquad + 3a^2x^4 + 12a^3x^3 & 3x^4 & 3x^4 + 3x^3.2ax + 4a^2x^3 \\
\hline
\qquad\qquad\qquad 0 & & \qquad\qquad 2ax \\
\cline{3-3}
 & & 6ax^5 + 12a^2x^4 + 8a^3x^3 \\
\cline{3-3}
 & & 3x^4 + 12ax^3 + 15a^2x^2 + 6a^3x + a^4 \\
 & & \qquad\qquad\qquad\qquad a^2 \\
\cline{3-3}
 & & 3a^2x^4 + 12a^3x^3 + 15a^4x^2 + 5a^5x + a^6 \\
\cline{3-3}
\end{array}$$

Exemple III. Extraire la racine 5e du polynôme

$$x^5 + 5ax^4 + 10a^2x^3 + 10a^3x^2 + 5a^4x + a^5.$$

Opération.

$$\begin{array}{r|l|l}
x^5 & + 5ax^4 + 10a^2x^3 + 10a^3x^2 + 5a^4x + a^5 & x + a \\
\cline{3-3}
-x^5 & & 5x^4 \\
\cline{1-1}
\multicolumn{2}{l|}{-x^5 - 5ax^4 - 10a^2x^3 - 10a^3x^2 - 5a^4x - a^5} & (x+a)^5 = x^5 + 5ax^4 + 10a^2x^3 + 10a^3x^2 + 5a^4x + a^5 \\
\cline{1-2}
\multicolumn{2}{c|}{0} & \\
\end{array}$$

SCOLIE.

D'après ce qui précède, on voit qu'un polynôme donné peut ne pas être un carré, ou un cube, ou une puissance m^e exacte. Cela dépend de ses coefficients. On peut alors se proposer cette question :

Un polynôme ordonné par rapport aux puissances décroissantes d'une certaine lettre, étant donné, trouver les conditions qui doivent exister entre ses coefficients, pour qu'il soit un carré, un cube, ou, en général, une puissance m^e *parfaite.*

Pour résoudre cette question, il suffit de remarquer que si l'on fait l'opération comme si le polynôme était une puissance exacte, lorsqu'on sera arrivé au dernier terme de la racine, que l'on peut toujours déterminer par l'exposant du dernier terme du polynôme donné, le reste correspondant devra être nul, quelle que soit la valeur de la lettre ordonnatrice. Or, cette quantité restant algébrique, pour que le reste soit nul, comme il ne peut pas y avoir de réductions entre des termes contenant des puissances différentes de cette quantité, il faut que chaque coefficient soit nul de lui-même ; ce qui donnera un nombre de conditions, facile à déterminer dans chaque cas particulier, et qui dépendra de l'indice de la racine et de la plus forte puissance de la lettre ordonnatrice dans le polynôme, ou du degré du polynôme.

Considérons les exemples les plus simples.

Exemple I. — Trouver les conditions qui doivent exister entre les coefficients du trinôme

$$Ax^2 + Bx + C$$

pour qu'il soit un carré parfait.

En faisant l'opération, on a

$$\begin{array}{r|l}
Ax^2 + Bx + C & \sqrt{A}.x + \dfrac{B}{2\sqrt{A}} \\
-Ax^2 \quad\quad\quad\quad & \\ \hline
-Bx - \dfrac{B^2}{4A} & 2\sqrt{A}.x + \dfrac{B}{2\sqrt{A}} \\ \hline
\text{Reste } C - \dfrac{B^2}{4A} & Bx + \dfrac{B^2}{4A}
\end{array}$$

Le reste est indépendant de x. Il n'y a donc qu'une condition :

$$C = \frac{B^2}{4A} \quad \text{ou} \quad B^2 = 4AC.$$

Donc, pour qu'un trinôme du deuxième degré soit un carré parfait, il faut que *le carré du coefficient de* x *soit égal à quatre fois le produit du coefficient du premier terme, par le dernier.*

Exemple II. — Trouver les conditions pour que le polynôme

$$Ax^4 + Bx^3 + Cx^2 + Ex + F$$

soit un carré parfait.

En effectuant, il vient:

$$\begin{array}{l|l}
Ax^4+Bx^3+Cx^2+Ex+F & \sqrt{A}.x^2+\dfrac{B}{2\sqrt{A}}x+\dfrac{C-\dfrac{B^2}{4A}}{2\sqrt{A}} \\
\cline{2-2}
\underline{-Ax^4} & 2\sqrt{A}.x^2+\dfrac{B}{2\sqrt{A}}x \;\Big|\; 2\sqrt{A}.x^2+\dfrac{B}{2\sqrt{A}}x+\dfrac{C-\dfrac{B^2}{4A}}{2\sqrt{A}} \\
\quad -Bx^3-\dfrac{B^2}{4A}x^2 & \\
\hline
\quad -Cx^2-\dfrac{BC-\dfrac{B^3}{4A}}{2A}x-\dfrac{\left(C-\dfrac{B^2}{4A}\right)^2}{4A} & \\
\quad +\dfrac{B^2}{4A}x^2 &
\end{array}$$

Le reste est donc :

$$\left(E-\frac{BC-\dfrac{B^3}{2A}}{4A}\right)x+F-\frac{\left(C-\dfrac{B^2}{4A}\right)^2}{4A}.$$

On aura donc, pour qu'il soit nul, quelque valeur que l'on donne à x,

$$E=\frac{BC-\dfrac{B^3}{4A}}{2A}\,;\quad F=\frac{\left(C-\dfrac{B^2}{4A}\right)^2}{4A}.$$

On pourrait multiplier le nombre de ces exemples ; mais la marche est tellement simple que nous nous contenterons des deux précédents, d'autant plus que les calculs deviennent très-longs lorsqu'il s'agit de racines de degrés plus élevés.

On pourrait aussi arriver à la solution de cette question en exprimant que le polynôme est une puissance exacte d'un polynôme dont on chercherait à déterminer les coefficients. Mais cette manière de traiter cette question exige l'emploi des équations.

APPENDICE DU LIVRE II.

THÉORÈME I.

Le produit de n *nombres consécutifs est toujours divisible par le produit des* n *premiers nombres, c'est-à-dire que* Note sur le binôme.

$$\frac{m(m-1)\ldots(m-n+1)}{1.2.3\ldots n}$$

est un nombre entier.

Désignons par $P_{m,n}$ cette expression, on aura

$$P_{m,n} = \frac{m(m-1)\ldots(m-n+2)}{1.2.3\ldots n-1}\cdot\left(\frac{m+1}{n}-1\right)$$
$$= \frac{(m+1)m.(m-1)\ldots(m-n+2)}{1.2.3\ldots(n-1)n} - \frac{m(m-1)\ldots(m-n+2)}{1.2.3\ldots n-1};$$

donc

$$P_{m,n} = P_{m+1,n} - P_{m,n-1}.$$

En changeant m en $m-1$, on a

$$P_{m-1,n} = P_{m,n} - P_{m-1,n-1};$$

d'où

$$P_{m,n} = P_{m-1,n} + P_{m-1,n-1}.$$

De même

$$P_{m-1,n} = P_{m-2,n} + P_{m-2,n-1}.$$
$$P_{m-2,n} = P_{m-3,n} + P_{m-3,n-1}.$$
$$\vdots \qquad \vdots \qquad \vdots$$
$$P_{n+2,n} = P_{n+1,n} + P_{n+1,n-1}.$$
$$P_{n+1,n} = P_{n,n} + P_{n,n-1}.$$

Ajoutant il vient, en remarquant que $P_{n,n} = 1$,

$$P_{m,n} = P_{m-1,n-1} + P_{n-2,n-1} + \ldots + P_{n,n-1} + 1. \quad (*)$$

Donc si le produit de $n-1$ nombres consécutifs est divisible par le produit des $n-1$ premiers nombres, le produit de n nombres consécutifs sera divisible par le produit des n premiers nombres. Or, le produit de deux nombres consécu-

(*) On peut arriver à cette formule remarquable par les combinaisons, comme on le verra plus loin.

tifs est divisible par 2, puisque l'un deux est nécessairement pair; donc le théorème est vrai pour le produit de 3 nombres consécutifs; par suite il le sera pour 4, et ainsi de suite.

THÉORÈME II.

L'expression

$$\frac{1.2.3\ldots m}{1.2.3\ldots n.1.2\ldots p.12\ldots q \text{ etc}\ldots}$$

est toujours entière si m *n'est pas plus petit que* n+p+q+*etc.*, m, p, q, r, *etc... étant des nombres entiers.*

Pour cela, il suffit de démontrer que tout facteur premier f, entre au numérateur à une puissance aussi élevée qu'au dénominateur.

Or, supposons écrits les multiples de f compris depuis 1 jusqu'à m, on aura

$$1\ldots f\ldots 2f\ldots 3f\ldots kf\ldots m. \qquad k \overline{\overline{<}} \frac{m}{f}.$$

Le produit sera déjà divisible par

$$f.2f.3f\ldots kf = 1.2.3\ldots kf^k.$$

Raisonnant de même sur $1.2.3\ldots k$, on aura

$$1\ldots f\ldots 2f\ldots k'f\ldots k. \qquad k' \overline{\overline{<}} \frac{k}{f}.$$

Donc ce produit sera encore divisible par

$$f.2f\ldots k'f = 1.2.3\ldots k'f^{k'}.$$

En continuant ainsi, on voit que le facteur f entrera à une puissance marquée par $k + k' +$ etc... Cette suite se terminant au premier nombre plus petit que f; k, k', k'', etc.... étant les parties entières des quotients

$$\frac{m}{f}, \ \frac{k}{f}, \ \frac{k'}{f}, \ \text{etc}\ldots$$

Cela posé, on a

$$m \overline{\overline{>}} n + p + q + \ldots \quad \text{d'où} \ \frac{m}{f} \overline{\overline{>}} \frac{n}{f} + \frac{p}{f} + \frac{q}{f}\ldots$$

Donc

$$k \overline{\overline{>}} n' + p' + q'\ldots$$

n', p', q', étant les parties entières des quotients

$$\frac{n}{f}, \ \frac{p}{f}, \ \frac{q}{f}.$$

En raisonnant sur k comme sur m, on voit que

$$k' \overline{\overline{>}} n'' + p'' + q'' + \text{etc}\ldots$$

Donc ajoutant

$$k + k' + k'' + \text{etc.} \ldots \overline{\overline{>}}\, n' + n'' + \text{etc.} + p' + p'' + \ldots$$

ce qui démontre le théorème.

THÉORÈME III.

Lorsqu'on a obtenu par la règle ordinaire plus de la moitié des chiffres de la racine carrée d'un nombre, on peut obtenir les autres en divisant le dernier reste obtenu par le double de la partie trouvée de la racine.

Note sur l'extraction de la racine carrée d'un nombre entier. Détermination des chiffres de la racine par la division, lorsqu'on en a déjà déterminé plus de la moitié.

En effet, soit N un nombre; représentons par a la partie trouvée, par b la partie à trouver, et supposons que a contienne plus de chiffres que b; si p est le nombre des chiffres de b, on aura, d'après les hypothèses précédentes,

$$N \geqq (a.10^p + b)^2 \quad a \geqq 10^p \quad b < 10^p.$$

D'où

$$\frac{N - a^2.10^{2p}}{2a.10^p} \overline{\overline{>}}\, b + \frac{b^2}{2a.10^p}.$$

Si N est un carré parfait, on aura la partie entière du quotient qui sera b; car

$$b^2 = b.b < 10^p.10^p < a.10^p; \quad \text{donc} \quad \frac{b^2}{2a.10^p} < \frac{1}{2}.$$

Si N n'est pas un carré parfait, la plus grande quantité dont il peut surpasser le carré de sa racine à une unité près en moins, est égale au double de cette racine.

Donc

$$\frac{N - a^2.10^{2p}}{2a.10^p} \not> b + \frac{b^2}{2a.10^p} + \frac{2a.10^p + 2b}{2a.10^p.} = b + 1 + \frac{b^2}{2a.10^p} + \frac{2b}{2a.10^p}.$$

Or,

$$\frac{b^2}{2a.10^p} < \frac{1}{2}, \quad \frac{b}{a.10^p} < \frac{1}{10^p}.$$

Donc le quotient est égal au plus à $b+1$; donc par la division on trouve, lorsque le nombre donné n'est pas un carré parfait, la racine en moins ou la racine en plus à une unité près.

Pour reconnaître si la partie entière b' du quotient correspond à la racine en *moins* ou à la racine en *plus*, on l'écrit à la suite du double de la partie trouvée, ce qui donne $2a.10^p + b'$, et on multiplie le tout par cette partie entière; si ce produit peut se retrancher du reste, à partir duquel on a commencé l'opération $b' = b$, on a trouvé la racine en *moins*; s'il ne peut pas se retrancher $b' = b + 1$, et on a la racine en *plus*.

THÉORÈME IV.

Note sur l'extraction de la racine cubique d'un nombre entier. Détermination par la division des chiffres de la racine lorsqu'on en a déjà déterminé plus de la moitié.

Lorsqu'on a trouvé dans l'extraction de la racine cubique d'un nombre plus de la moitié des chiffres, on peut trouver les autres chiffres de la racine, par la division du reste, par trois fois le carré de la partie trouvée de la racine.

En effet, supposons le nombre donné un cube parfait. Soit a le nombre trouvé à la racine, se composant de plus de chiffres que le nombre b, qui reste à trouver, pour compléter cette racine; on aura en désignant par N le nombre

$$N = (a.10^p + b)^3. \quad a > 10^p > b.$$

En développant il vient

$$N = (a.10^p)^3 + 3(a.10^p)^2.b + 3(a.10^p)b^2 + b^3.$$

D'où le reste

$$R = N - (a.10^p)^3 = 3(a.10^p)^2.b + 3(a.10^p)b^2 + b^3.$$

Donc

$$\frac{R}{3(a.10^p)^2} = b + \frac{3a.10^p.b^2 + b^3}{3(a.10^p)^2}.$$

Or,

$$\frac{3a.10^p.b^2 + b^3}{3(a.10^p)^2} = \frac{3a.10^p.b^2}{3a^2.10^{2p}} + \frac{b^3}{3a^2.10^{2p}} = \frac{b^2}{a.10^p} + \frac{b^3}{3a^2 10^{2p}}.$$

Mais b est au plus égal à $10^p - 1$. Donc, puisque $a > 10^p$, on aura

$$\frac{b^2}{a.10^p} < \frac{(10^p - 1)^2}{10^{2p}} = \left(1 - \frac{1}{10^p}\right)^2 = 1 - \frac{2}{10^p} + \frac{1}{10^{2p}};$$

mais

$$\frac{b^3}{3.a^2.10^{2p}} < \frac{1}{3.10^p};$$

donc

$$\frac{b^2}{a.10^p} + \frac{b^3}{3a^2.10^{2p}} < 1 - \frac{2}{10^p} + \frac{1}{10^{2p}} + \frac{1}{3\ 10^p} < 1.$$

Donc b est bien la partie entière du quotient.

Examinons le cas où le nombre donné n'est pas un cube parfait, on aura

$$N \not> (a.10^p + b)^3 + 3(a.10^p + b)^2 + 3(a.10^p + b).$$

D'où

$$\frac{N - (a.10^p)^3}{3(a10^p)^2} \not> b + 1 + \frac{3a.10^p.b^2 + b^3 + 3a.10^p 2b + 3b^2 + 3a.10^p + 3b}{3(a.10^p)^2}.$$

La partie fractionnaire peut se mettre sous la forme

$$\frac{3a.10^p(b+1)^2 + 3b(b+1) + b^3}{3a^2.10^{2p}}.$$

Or, $a = 10^p + 1$ au moins, et $b = 10^p - 1$ au plus; et comme a entre à une puissance plus forte au dénominateur qu'au numérateur, on aura, en remplaçant a et b par ces valeurs, une limite supérieure de la quantité fractionnaire.

Ce qui donne

$$\frac{3(10^p + 1).10^{3p} + 3(10^p - 1).10^p + (10^p - 1)^3}{3(10^p + 1)^2.10^{2p}}.$$

Effectuant, il vient

$$\frac{3.10^{4p} + 3.10^{3p} + 3.10^{2p} - 3.10^p + 10^{3p} - 3.10^{2p} + 3.10^p - 1}{3.10^{4p} + 6.10^{3p} + 3.10^{2p}}.$$

En réduisant, on a

$$\frac{3.10^{4p} + 4.10^{3p} - 1}{3.10^{4p} + 6.10^{3p} + 3.10^{2p}} < 1.$$

Donc la division conduira à la racine en *moins* ou en *plus* à une unité près; puisque la partie entière du quotient est au plus égale à $b + 1$.

REMARQUE.

Cette simplification de calcul, applicable à la racine carrée et à la racine cubique des nombres entiers, n'est possible pour les puissances plus élevées, qu'en déterminant un plus grand nombre de chiffres; cela tient à ce que dans un carré et dans un cube le coefficient du deuxième terme est précisément le plus grand du développement, ce qui n'arrive plus pour les puissances plus élevées.

On peut alors se proposer de chercher combien de chiffres il serait nécessaire de calculer directement.

Cette question est facile à traiter. Examinons le cas d'une puissance $m^{\text{ième}}$ parfaite, et conservons les notations précédentes; on aura

$$N = (a.10^p + b)^m = (a.10^p)^m + m(a.10^p)^{m-1} \ldots + \text{etc.};$$

d'où

$$N - (a.10^p)^m = m(a.10^p)^{m-1}.b + \frac{m(m-1)}{1.2}(a.10)^{m-2}.b^2 + \text{etc.} \ldots$$

et par suite

$$\frac{N - (a.10^p)^m}{m(a.10^p)^{m-1}} = b + \frac{m-1}{2}.\frac{b^2}{a.10^p} + \frac{m-1}{2}.\frac{m-2}{3}.\frac{b^3}{(a.10^p)^2} + \text{etc.} \ldots$$

Or, si on représente par k le plus grand coefficient du développement de la puissance $m^{\text{ième}}$ d'un binôme, chaque coefficient de la partie fractionnaire sera plus petit que $\frac{k}{m}$.

Il suffira donc que

$$\frac{k}{m}\left(\frac{b^2}{a.10^p} + \frac{b^3}{(a.10^p)^2} + \ldots + \frac{b^m}{(a.10^p)^{m-1}}\right) < 1.$$

Or, comme on peut mettre b en facteur et remarquer qu'il est plus petit que 10^p, l'expression précédente sera plus petite que

$$\frac{k}{m}.b\left(\frac{1}{a}+\frac{1}{a^2}+\ldots+\frac{1}{a^{m-1}}\right).$$

Donc, si on la rend plus petite que l'unité, à fortiori la précédente le sera.

Ce qui donne en simplifiant

$$\frac{kb}{ma}.\frac{1-\frac{1}{a^m}}{1-\frac{1}{a}}=\frac{kb(a^m-1)}{ma^m(a-1)}<\frac{kb}{m(a-1)}.$$

Or, désignons par $q+1$ le nombre des chiffres de a, on aura $a=10^q$ au moins; et comme $b=10^p-1$ au plus, il vient en remplaçant à satisfaire à l'inégalité suivante :

$$\frac{k}{m}.\frac{10^p-1}{10^q-1}<1,$$

ou

$$10^q-1\geqq\frac{k}{m}.(10^p-1).$$

Par exemple, si $m=2$, on a $k=2$ et

$$10^q-1\geqq 10^p-1.$$

Donc il suffit que $q=p$, c'est-à-dire, que la partie trouvée contienne un chiffre de plus que la partie qui reste à trouver. Si $m=3$, la conclusion est la même, car $k=3$, et on a encore

$$10^q-1\geqq 10^p-1.$$

Si $m=4$; d'où $k=6$, et

$$10^q-1\geqq\frac{6}{4}(10^p-1)=\frac{3}{2}(10^p-1).$$

Il suffit donc que $q=p+1$, car on a

$$10.10^p-1>\frac{3}{2}.(10^p-1),$$

et ainsi de suite.

Dans le cas où le nombre donné ne serait pas une puissance $m^{\text{ième}}$ parfaite, on arriverait par des considérations analogues à fixer une limite du nombre des chiffres nécessaires à déterminer directement.

Note sur les combinaisons. On a trouvé précédemment que le nombre des combinaisons que l'on pouvait faire avec m lettres en les prenant n à n était

$$P_{m,n} = \frac{m(m-1)(m-2)\ldots(m-n+1)}{1.2.3\ldots(n-1).n}.$$

Ces combinaisons sont faites en supposant qu'on ne puisse prendre qu'une seule fois la même lettre dans un même groupe. On peut se proposer de déterminer le nombre de combinaisons que l'on peut faire avec m lettres n à n, mais en répétant la même lettre autant de fois que l'on voudra dans un même groupe. On pourra appeler ces combinaisons, pour les distinguer des combinaisons ordinaires, *combinaisons complètes* ou *combinaisons avec répétition*.

Soit $\Pi_{m,n}$ ce nombre; il est clair que si toutes les combinaisons étaient formées et écrites, le nombre total des lettres écrites serait

$$n\Pi_{m,n}.$$

Or, si on prenait toutes les combinaisons qui contiennent une même lettre, a, par exemple, et qu'on ôtât cette lettre une fois dans chaque, on l'aurait ôtée un nombre de fois marqué par $\Pi_{m,n-1}$.

Maintenant, chaque lettre entrant le même nombre de fois, elle resterait un nombre de fois marqué par

$$\frac{n-1}{m}\Pi_{m,n-1};$$

la lettre a entrera donc dans les produits n à n un nombre de fois marqué par

$$\left(1+\frac{n-1}{m}\right)\Pi_{m,n-1}.$$

Donc le nombre des lettres écrites serait aussi, dans les combinaisons n à n,

$$(m+n-1)\Pi_{m,n-1}.$$

Par suite on a

$$n.\Pi_{m,n} = (m+n-1)\Pi_{m,n-1};$$

d'où

$$n-1.\Pi_{m,n-1} = (m+n-2)\Pi_{m,n-2}.$$
$$n-2.\Pi_{m,2} = (m+1)\Pi_{m,1}.$$
$$\vdots$$

Mais

$$\Pi_{m,1} = m.$$

Donc, multipliant ces égalités

$$1.2.3\ldots(n-1).n\Pi_{m,n} = m(m+1)\ldots(m+2)(m+n-1),$$

et par suite

$$\Pi_{m,n} = \frac{m(m+1)\ldots(m+n-2)(m+n-1)}{1.2.3\ldots n}.$$

REMARQUE I.

Ce nombre donne le nombre des termes de la puissance n^e d'un polynôme composé de m termes. — Puisque les différents termes de la puissance n^e d'un polynôme de m termes ne sont autres que les combinaisons complètes de m quantités prises n à n.

REMARQUE II.

La valeur de $\Pi_{m,n}$ montre que le nombre des combinaisons complètes est égal au nombre de combinaisons simples de $m+n-1$ lettres prises n à n, car on a

$$P_{m+n-1,n} = \frac{(m+n-1)(m+n-2)\ldots(m+1)m}{1.2.3\ldots n} = \Pi_{m,n}.$$

Formule remarquable sur les nombres, déduite de considérations sur les combinaisons.

Si l'on considère des combinaisons ordinaires de m lettres prises n à n en nombre $P_{m,n}$, elles se composent des combinaisons qui contiennent une lettre désignée et des combinaisons qui ne la contiennent pas. On aura donc

$$P_{m,n} = P_{m-1,n-1} + P_{m-1,n}.$$

D'où

$$\begin{aligned}
P_{m-1,n} &= P_{m-2,n-1} + P_{m-2,n}.\\
P_{m-2,n} &= P_{m-3,n-1} + P_{m-3,n}.\\
&\vdots\\
P_{n+2,n} &= P_{n+1,n-1} + P_{n+1,n}.\\
P_{n+1,n} &= P_{n,n-1} + P_{n,n}.
\end{aligned}$$

Et par suite, en additionnant toutes les égalités et remarquant que

$$P_{n,n} = P_{n-1,n-1} = 1,$$

on a

$$P_{m,n} = P_{m-1,n-1} + P_{m-2,n-1} + P_{m-3,n-1} + \text{etc}\ldots + P_{n+1,n-1} + P_{n,n-1} + P_{n-1,n-1},$$

ou

$$= 1 + P_{n,n-1} + P_{n+1,n-1} + P_{n+2,n-1} + \text{etc}\ldots + P_{m-1,n-1}.$$

Remplaçant

$$P_{m,n},\ P_{n,n-1},\ \text{etc}\ldots$$

par leurs valeurs, il vient :

$$\frac{m(m-1)\ldots(m-n+1)}{1.2.3\ldots n} = 1 + \frac{n(n-1)\ldots3.2}{1.2.3\ldots n-1} + \frac{(n+1)(n)(n-1)\ldots3}{1.2.3\ldots n-1} + \text{etc}\ldots + \frac{(m-1)\ldots(m-n+1)}{1.2\ldots n-1}.$$

Faisant successivement $n = 2, 3, 4, 5, 6$, etc...., on a

$$\frac{m(m-1)}{2} = 1 + 2 + 3 + 4 + \text{etc}\ldots + (m-1).$$

$$\frac{m(m-1)(m-2)}{1.2.3.4} = 1 + \frac{2.3}{1.2} + \frac{3.4}{1.2} + \frac{4.5}{1.2} + \text{etc}\ldots + \frac{(m-2)(m-1)}{1.2}$$

$$\frac{m(m-1)(m-2)(m-3)}{1.2.3} = 1 + \frac{2.3.4}{1.2.3} + \frac{3.4.5}{1.2.3} + \text{etc}\ldots + \frac{(m-3)(m-2)(m-1)}{1.2.3}$$

$$\frac{m(m-1)(m-2)(m-3)(m-4)}{1.2.3.4.5} = 1 + \frac{2.3.4.5}{1.2.3.4} + \frac{3.4.5.6}{1.2.3.4} + \text{etc}\ldots + \frac{(m-4)(m-3)(m-2)(m-1)}{1.2.3.4}$$

et ainsi de suite.

REMARQUE.

La première ligne donne le nombre des termes d'un trinôme élevé à la puissance $m-2$.

La deuxième, le nombre des termes d'un quatrinôme élevé à la puissance $m-3$.

En général

$$\frac{(m-n+1)(m-n+2)\ldots(m-2)(m-1).m}{1.2.3.4\ldots n}$$

représente le nombre des termes que contient la puissance $(m-n+1)^{\text{ième}}$ d'un polynôme composé de $(n+1)$ termes.

Si donc on veut avoir le nombre des termes que contient la puissance $m^{\text{ième}}$ d'un polynôme composé de p termes, il suffira de remplacer m par $m+p-1$ et n par $p-1$, ce qui donnera

$$\frac{(m+1)(m+2)(m+3)\ldots(m+p-1)}{1.2.3.4\ldots(p-2)(p-1)},$$

nombre que l'on a déjà trouvé directement.

Note sur le développement de la puissance m^e d'un binôme lorsque cette puissance est négative.

La loi du développement de la $m^{\text{ième}}$ puissance d'un binôme est vraie lorsque l'exposant est entier et négatif.

En effet, on a vu, comme conséquence de la division, que

$$\frac{1}{(1-ax)(1-bx)(1-cx)\ldots} = x \begin{array}{l|l|l|l} +a & x^2 +a^2 & x^3 +a^3 & .x. + \text{etc}\ldots \\ +b & \quad +b^2 & \quad +b^3 & \\ +c & \quad +c^2 & \quad +c^3 & \\ \vdots & \quad \vdots & \quad \vdots & \\ & \quad +ab & \quad +a^2b & \\ & \quad +bc & \quad +a^2c & \\ & \quad \vdots & \quad \vdots & \\ & & \quad +abc & \end{array}$$

Les coefficients sont successivement les sommes des produits différents un à un, deux à deux, trois à trois, que l'on peut faire avec les quantités a, b, c, etc., en les prenant autant de fois que l'on veut, c'est-à-dire, les *combinaisons complètes* des quantités précédentes une à une, deux à deux, trois à trois, etc. Donc si on fait $a=b=c=d\ldots\ldots\ldots$ on aura

$$\frac{1}{(1-ax)^m} = 1 + max + \frac{m(m+1)}{1.2}a^2x^2 + \frac{m(m+1)(m+2)}{1.2.3}a^3x^3 + \text{etc}\ldots$$

Maintenant si on pose $x = -\frac{1}{y}$, il vient

$$\left(\frac{1}{1+\frac{a}{y}}\right)^m = \frac{y^m}{(y+a)^m} = 1 - m\frac{a}{y} + \frac{m(m+1)}{1.2}\cdot\frac{a^2}{y^2} - \frac{m(m+1)(m+2)}{1.2.3}\cdot\frac{a^3}{y^3} + \ldots$$

Divisant par y^m et employant les exposants négatifs, il vient

$$(y+a)^{-m}=y^{-m}+\frac{-m}{1}.a.y^{-m-1}+\frac{-m(-m-1)}{1.2}.a.y^{-m-2}$$
$$+\frac{-m(-m-1)(-m-2)}{1.2.3}a^3y^{-m-3}+\text{etc...}$$

Ce qu'il fallait démontrer.

REMARQUE I.

Si l'on avait eu à développer $(y-a)^{-m}$, il suffirait de changer a en $-a$; ce qui reviendrait à changer de signe les termes de rangs pairs.

REMARQUE II.

On voit que ce développement se compose d'une série de termes indéfinie, de sorte que si l'on supposait que y et a reçussent des valeurs numériques, on ne pourrait utiliser ce développement qu'autant que la suite tendrait vers une certaine limite qui serait la valeur de $(y+a)^{-m}$, et dont on approcherait d'autant plus que l'on prendrait de termes.

On dit alors que la suite ou la série dont chaque terme se forme d'après une loi constante, est *convergente;* nous verrons plus tard que cette série est toujours *convergente*, pourvu que y soit le plus grand des deux termes du binôme.

LIVRE III.

OU L'ON TRAITE DES ÉQUATIONS DU PREMIER ET DU DEUXIÈME DEGRÉ.

Définition. Toute égalité dans laquelle on regarde certaines quantités comme connues et d'autres comme inconnues, porte le nom d'*équation*. Des équations.

Ainsi,

$$3x - 4y = 5x + 3$$

est une équation, si x et y sont regardées comme *inconnues*.

Résoudre une équation, c'est trouver les valeurs des inconnues qui sont susceptibles de la vérifier, c'est-à-dire, qui, mises à la place des inconnues correspondantes, rendent le premier membre égal au second.

L'opération porte le nom de *résolution* de l'équation.

Les équations se classent par le nombre des inconnues qu'elles contiennent et par leur degré. Classification des équations.

On appelle *degré* d'une équation le nombre exprimant la plus forte *somme* des exposants des inconnues dans un même terme, l'équation ne contenant que des exposants *entiers* et *positifs* des inconnues.

Si l'équation contenait des inconnues affectées d'exposants négatifs, fractionnaires, ou, ce qui revient au même, si les inconnues étaient dans l'équation en dénominateur ou sous des radicaux, il faudrait, pour déterminer le degré de l'équation, remplacer l'équation donnée par une autre ne contenant que des exposants entiers et positifs, par des opérations permises sur les équations, que nous développerons plus loin.

Nous ne considérerons alors que des équations dans lesquelles les inconnues entrent à des puissances entières et positives.

D'après cela, l'étude des équations peut se diviser comme il suit :

I. — Équations du 1er degré.	à une inconnue. à deux inconnues. et à un nombre quelconque d'inconnues.
II. — Équations du 2me degré.	à une inconnue. à deux inconnues. et à un nombre quelconque d'inconnues.
III. — Équations d'un degré quelconque.	à une inconnue. à deux inconnues. et à un nombre quelconque d'inconnues.

Les équations appartenant à la première et à la deuxième classe sont très-distinctes de celles de la troisième, comme on le verra par la suite ; elles peuvent se résoudre complétement par des formules faciles à déterminer, si ce n'est les équations de la deuxième classe appartenant aux deux dernières catégories, dont la résolution, sauf quelques cas particuliers, rentre dans la résolution des équations de la troisième classe, mais qui, cependant, offrent dans la manière de les traiter des particularités qui ne se présentent que dans les équations du deuxième degré.

La résolution des équations de la troisième classe est le véritable but de l'analyse élémentaire.

Des opérations préparatoires que l'on peut faire subir aux équations en général.

Lorsqu'on a une ou plusieurs équations à résoudre, on leur fait subir des transformations qui ont pour but de simplifier leur résolution ; mais il faut toujours que ces transformations soient telles qu'elles ne changent en rien les valeurs des inconnues, ou, ce qui revient au même, que les valeurs des *inconnues*, satisfaisant aux équations primitives, soient les mêmes que les valeurs des *inconnues* satisfaisant aux équations transformées, et réciproquement.

Les transformations les plus simples et les plus usitées sont comprises dans les théorèmes suivants :

THÉORÈME I.

On peut ajouter ou retrancher aux deux membres d'une équation un même nombre, *sans troubler l'équation; c'est-à-dire, que l'équation résultante pourra remplacer la première.*

Ainsi, les équations

$$A = B, \quad A \pm M = B \pm M,$$

se remplacent mutuellement.

En effet, si à deux quantités égales on ajoute ou on retranche une même quantité, les résultats sont encore égaux.

Il suit de là qu'un terme d'un des membres d'une équation peut s'écrire en signe contraire dans l'autre membre, sans troubler l'équation.

Cette opération s'énonce en disant qu'on fait *passer* un terme d'un membre dans l'autre.

THÉORÈME II.

On peut multiplier ou diviser les deux membres d'une équation par un même nombre sans troubler cette équation.

Ainsi les équations

$$A = B, \quad \frac{A \times M}{N} = \frac{B \times M}{N},$$

se remplacent; car, lorsqu'on multiplie ou divise deux quantités égales par un même nombre, les résultats sont égaux; et réciproquement, si les résultats sont égaux après l'opération, c'est que les quantités primitives étaient égales aussi.

SCOLIE.

L'équation $A = B$ peut se remplacer par l'équation

$$\frac{MA \pm P}{N} = \frac{MB \pm P}{N},$$

M, N, P étant des nombres quelconques.

THÉORÈME III.

Si on a deux équations

$$A=B, \quad A'=B'$$

entre deux ou plusieurs inconnues, on peut les remplacer par l'une d'elles, et leur somme ou leur différence ; c'est-à-dire par

$$A=B, \quad A+A'=B+B', \qquad (1)$$

ou

$$A=B, \quad A-A'=B-B'. \qquad (2)$$

En effet, les valeurs des inconnues satisfaisant aux équations données satisfont évidemment aux couples (1) ou (2); et réciproquement, les valeurs qui satisfont aux couples (1) ou (2) satisfont nécessairement aux équations primitives.

THÉORÈME IV.

Si on a deux équations

$$A=B, \quad A'=B',$$

on peut les remplacer par l'une d'elles, et leur produit par leur quotient ; c'est-à-dire, par

$$A=B, \quad A\times A'=B\times B', \qquad (1)$$

ou

$$A=B, \quad \frac{A}{A'}=\frac{B}{B'}. \qquad (2)$$

Il suffit de raisonner exactement comme on l'a fait dans la démonstration du théorème précédent.

SCOLIE.

Il suit de ces deux théorèmes et des précédents que l'on peut remplacer les équations

$$\begin{cases} A=B, \\ A'=B', \end{cases} \quad \text{par} \quad \begin{cases} \frac{M}{N}A\pm\frac{M'}{N'}A'=\frac{M}{N}B\pm\frac{M'}{N'}B', \\ A'=B', \end{cases}$$

ou par

$$\begin{cases} \frac{M}{N} \cdot A \times A' = \frac{M}{N} . B \times B' \\ A = B. \end{cases}$$

On pourrait multiplier le nombre de ces théorèmes, mais nous nous bornerons aux quatre précédents, qui servent le plus fréquemment. Enfin, nous rappellerons que toutes les fois que l'on veut remplacer une équation par une autre, ou deux équations par deux autres, et ainsi de suite, on doit toujours s'assurer que les opérations de transformation ne changent pas les valeurs des inconnues, et qu'en résolvant les nouvelles équations, on a et on n'a que les solutions des équations primitives.

I.

Résolution des équations du premier degré.

PROBLÈME I.

Une équation du premier degré à une inconnue étant donnée, la résoudre.

La forme la plus générale d'une équation du premier degré est :

$$ax + b = a'x + b',$$

x représentant l'inconnue, et a, b, a', b', des quantités quelconques. Car on peut toujours supposer que l'on a réuni tous les termes contenant l'inconnue dans chaque membre, en un seul, dont le coefficient serait la somme algébrique des coefficients des termes précédents.

Faisant passer les termes inconnus dans un membre, et les termes connus dans l'autre, on pourra remplacer l'équation donnée par

$$ax - a'x = b' - b,$$

ou

$$(a - a')x = b' - b.$$

D'où on tire

$$x = \frac{b' - b}{a - a'}.$$

On voit qu'il existe une valeur de l'inconnue qui répond à la question, et qu'il n'y en a généralement qu'une; car il n'y a qu'un nombre qui, multiplié par un autre, reproduise un nombre donné. Il faut observer cependant que si on avait en même temps

$$a = a', \quad \text{et} \quad b = b',$$

x pourrait recevoir une valeur quelconque; mais alors l'équation se réduirait à l'identité:

$$ax + b = ax + b.$$

Dans tout autre cas il n'y aura jamais qu'une solution, c'est-à-dire, qu'une valeur de l'inconnue satisfaisant à l'équation.

L'inconnue pourra avoir les valeurs suivantes:

Si $\quad b = b', \quad a \gtrless a', \quad x = 0.$

Si $\quad b \gtrless b', \quad a \gtrless a', \quad x = \pm n.$

Si $\quad b \gtrless b', \quad a = a', \quad x = \infty.$

La dernière valeur correspond à une équation donnée impossible; car alors l'équation devient

$$ax + b = ax + b',$$

ce qui ne peut être si b n'est pas égal à b'.

Quoi qu'il en soit, il résulte des considérations précédentes la règle suivante:

Pour résoudre une équation du premier degré à une inconnue, on fait passer tous les termes contenant l'inconnue dans le premier membre de l'équation, les termes connus dans le deuxième, et l'on divise la somme algébrique des termes connus par la somme algébrique des coefficients de l'inconnue.

Exemple I. Résoudre

$$3x - 5x + 2 - 7 = 4x + 5x - 9 + 2,$$

on a:

$$3x - 5x - 4x - 5x = 7 - 2 - 9 + 2.$$

D'où

$$x = \frac{7 - 2 - 9 + 2}{3 - 5 - 4 - 5} = \frac{-2}{-11} = \frac{2}{11}.$$

On peut, pour simplifier les écritures, faire des simplifications dès qu'elles se présentent.

Exemple II. Résoudre

$$\frac{2}{3}x-\frac{4}{5}x-1=\frac{2}{3}x-\frac{8}{5}x+3.$$

$\frac{2}{3}x$ se trouvant dans les deux membres, on peut le supprimer de suite; et alors on a

$$\frac{4}{5}x=4;$$

d'où

$$x=5.$$

REMARQUE I.

Vérification. Lorsqu'on a résolu une équation, on peut vérifier les calculs que l'on a faits, en substituant la valeur trouvée, dans l'équation primitive : cette valeur, si elle est bonne, doit rendre, toute réduction faite, le premier membre identique au second.

Ainsi, pour vérifier les équations des exemples précédents, il faudrait substituer à l'inconnue les nombres $\frac{2}{11}$ et 5 dans les équations correspondantes.

Ce qui donnerait pour la première :

$$3.\frac{2}{11}-5.\frac{2}{11}+2-7=4.\frac{2}{11}+5.\frac{2}{11}-9+2,$$

$$\frac{6-10}{11}+2-7=\frac{8+10}{11}-9+2,$$

$$-\frac{4}{11}-5=\frac{18}{11}-7,$$

$$-\frac{59}{11}=-\frac{59}{11}.$$

Pour la deuxième:

$$\frac{2}{3}.5-\frac{4}{5}.5-1=\frac{2}{3}.5-\frac{8}{5}.5+3,$$

$$\frac{2}{3}.5-5=\frac{2}{3}.5-5.$$

REMARQUE II.

On peut déduire de là le moyen de résoudre une équation du premier degré contenant un nombre quelconque de quantités inconnues.

Représentons par x, y, z, t, etc..., les quantités inconnues, l'équation pourra toujours se mettre sous la forme

$$ax+by+cz+dt+\ldots=m.$$

Or, on peut donner des valeurs quelconques à toutes les inconnues, excepté à une, et déterminer cette dernière par la règle donnée dans le problème précédent ; on dit alors que les inconnues sont indéterminées.

D'après cela, en regardant toutes les inconnues, excepté x, comme connues, on aurait :

$$x=\frac{m-by-cz-dt-\ldots}{a};$$

expression dans laquelle il suffirait de donner à y, z, etc... des valeurs quelconques.

Exemple. Soit l'équation

$$3x+5y=2, \quad \text{d'où} \quad x=\frac{2-5y}{3}.$$

Si l'on fait successivement

$$\left.\begin{matrix} y=0, & 1, & 2, & \text{etc...} \\ \text{on a} & & & \\ x=\frac{2}{3}, & -1, & \frac{8}{3}, & \text{etc...} \end{matrix}\right\} \quad \left.\begin{matrix} y=0 \\ \\ x=\frac{2}{3} \end{matrix}\right\} \quad \left.\begin{matrix} y=1 \\ \\ x=-1 \end{matrix}\right\} \quad \begin{matrix} y=2 \\ \\ x=\frac{8}{3}, \end{matrix} \quad \text{etc...}$$

Il en serait de même si le nombre des inconnues était plus considérable.

REMARQUE III.

Lorsque le nombre des inconnues est supérieur à un, et que l'on ne donne qu'une équation, il y a une infinité de solutions. On peut alors se proposer de déterminer les inconnues, de manière à ce qu'elles satisfassent à d'autres conditions; par exemple, de manière que les valeurs soient entières. — Ce problème constitue une question importante que nous considérerons plus tard.

PROBLÈME II.

Résolution de deux équations à deux inconnues.

Deux équations du premier degré à deux inconnues étant données, trouver les valeurs des inconnues ou les résoudre.

Représentons par x et y les deux inconnues; on pourra toujours mettre les deux équations sous la forme

$$ax + by = c,$$
$$a'x + b'y = c'.$$

Ce problème peut se résoudre par différentes méthodes, dont l'emploi est plus ou moins simple, suivant la valeur des coefficients numériques de l'équation. Nous allons les exposer successivement, et dans chaque cas particulier on devra employer la méthode qui paraîtra la plus simple.

Première solution. Résolution dite par *substitution.*

Si l'on regardait l'une des inconnues, x par exemple, comme connue dans l'une des équations données, la première si l'on veut, on aurait

$$y = \frac{c - ax}{b}.$$

Or cette valeur doit être la même que celle qui doit satisfaire à la deuxième équation; on devra donc avoir, en la substituant à la place de y,

$$a'x + b'\left(\frac{c - ax}{b}\right) = c';$$

d'où

$$(ba' - ab')x = bc' - cb',$$

et par suite

$$x = \frac{bc' - cb'}{ba' - ab'}, \quad \text{ou} \quad x = \frac{cb' - bc'}{ab' - ba'}.$$

On pourrait obtenir la valeur de y par le même procédé; mais les équations ayant une forme symétrique, il suffira de changer a en b et a' en b', et réciproquement, pour avoir la valeur de y; ce qui donnera :

$$y=\frac{ac'-ca'}{ab'-ba'}, \quad \text{ou} \quad y=\frac{ca'-ac'}{ba'-ab'}.$$

On écrit ordinairement les deux valeurs sous la forme

$$x=\frac{cb'-bc'}{ab'-ba'}, \quad y=\frac{ac'-ca'}{ab'-ba'},$$

de manière que, dans le dénominateur et le numérateur, les lettres suivent l'ordre alphabétique, et que la seconde lettre de chaque produit partiel soit accentuée.

Deuxième solution. Résolution dite par *comparaison.*

Si on regarde l'une des inconnues, x par exemple, comme déterminée dans les deux équations, on déduit, pour l'autre inconnue y, les deux valeurs suivantes :

$$y=\frac{c-ax}{b}, \quad y=\frac{c'-a'x}{b'},$$

valeurs qui doivent être égales; on aura donc :

$$\frac{c-ax}{b}=\frac{c'-a'x}{b'}.$$

Cette équation ne contenant plus qu'une inconnue, on en tire facilement :

$$x=\frac{cb'-bc'}{ab'-ba'},$$

valeur déjà trouvée. On ferait de même pour déterminer y.

Troisième solution. Résolution dite par *addition* ou par *soustraction.*

On remarque ici que si, dans les deux équations données, la valeur du coefficient d'une même inconnue était la même numériquement, en les ajoutant ou les retranchant suivant le signe du coefficient, on ferait disparaître cette inconnue; et comme la différence ou la somme de deux équations prise avec l'une d'elles peut toujours remplacer les deux équations primitives, on serait certain que la valeur de l'inconnue qui resterait, serait la valeur cherchée. — Or, on peut toujours rendre les coefficients les mêmes en multipliant tous les termes par des nombres convenables.

Ainsi, les deux équations étant toujours:

$$ax + by = c,$$
$$a'x + b'y = c',$$

si on multiplie la première par b', la deuxième par b, il vient:

$$ab'x + bb'y = cb',$$
$$ba'x + bb'y = bc'.$$

Retranchant, on a:

$$(ab' - ba')x = cb' - bc', \quad \text{d'où} \quad x = \frac{cb' - bc'}{ab' - ba'}.$$

Lorsqu'il s'agit d'équations à coefficients numériques, il n'est pas toujours nécessaire de multiplier par les coefficients b et b', il suffit de prendre le plus petit multiple de ces deux nombres, et de multiplier chaque équation par le quotient de ce plus petit multiple par le coefficient qui n'entre pas dans l'équation sur laquelle on opère.

Quatrième solution. Résolution par l'introduction d'un *facteur indéterminé*, que l'on détermine de manière à réduire l'équation à ne plus contenir qu'une seule inconnue.

Soit m un nombre quelconque; en prenant toujours les deux équations

$$ax + by = c,$$
$$a'x + b'y = c'.$$

Multipliant la première par m, et retranchant la seconde, on pourra remplacer les deux équations primitives par les deux suivantes:

$$ax + by = c,$$
$$(ma - a')x + (mb - b')y = mc - c'.$$

Or, si l'on veut déterminer x, il suffit de poser

$$mb - b' = 0, \quad \text{ou} \quad m = \frac{b'}{b}.$$

La dernière équation se réduit alors à

$$\left(\frac{ab'}{b} - a'\right)x = \frac{cb'}{b} - c',$$

d'où on tire

$$x = \frac{cb' - bc'}{ab' - ba'}.$$

Si l'on avait voulu déterminer y, il aurait fallu poser :

$$ma - a' = 0, \quad \text{ou} \quad m = \frac{a'}{a},$$

REMARQUE I.

On voit que dans les méthodes indiquées on s'est toujours attaché à ramener la question à la résolution d'une équation à une inconnue. Les procédés employés pour y arriver sont autant de moyens d'*éliminer* une inconnue, et l'opération en elle-même porte le nom d'*élimination*.

REMARQUE II.

Pour résoudre deux équations à deux inconnues, on peut employer un des quatre moyens indiqués plus haut; mais lorsqu'une des inconnues est déterminée, on peut déterminer l'autre en substituant la valeur trouvée dans une des équations primitives.

Ce procédé s'emploie souvent dans le calcul numérique.

REMARQUE III.

Les valeurs trouvées par les procédés précédents sont les seules qui puissent satisfaire aux deux équations données; car s'il était possible de trouver une autre valeur, de x par exemple, cette valeur devant satisfaire aux équations données, devrait satisfaire aussi à l'équation du premier degré, qui sert à déterminer cette inconnue dans un quelconque des procédés de résolution, et alors une équation du premier degré aurait deux racines différentes, ce qui est absurde.

Il est bien entendu que l'on suppose que les valeurs des inconnues se présentent sous une forme déterminée.

REMARQUE IV.

Règle pour former les valeurs.

Les valeurs étant

$$x = \frac{cb' - ba'}{ab' - ba'}, \quad y = \frac{ac' - ca'}{ab' - ba'},$$

on voit :

1° Que le dénominateur commun se forme en écrivant les deux arrangements

$$ab, \quad ba,$$

les séparant par le signe —, et accentuant la seconde lettre de chaque produit ;

2° Que le numérateur d'une inconnue se forme en remplaçant dans le dénominateur, les coefficients de cette inconnue par les quantités toutes connues correspondantes, prises dans les équations données.

REMARQUE V.

Vérification.

Pour vérifier les valeurs, il suffit de les substituer, dans les équations données, à la place des inconnues correspondantes, et de faire les réductions.

On aura, par exemple, pour la première des deux équations :

$$a.\frac{cb' - bc'}{ab' - ba'} + b.\frac{ac' - ca'}{ab' - ba'} = c,$$

ou

$$\frac{acb' - abc' + bac' - bca'}{ab' - ba'} = \frac{c(ab' - ba')}{ab' - ba'} = c.$$

REMARQUE VI.

Discussion.

Les valeurs ainsi déterminées peuvent se présenter sous des formes particulières que nous allons examiner successivement.

1° Si l'une des inconnues, x par exemple, se présente sous la forme $\frac{0}{0}$, ou de l'indétermination, ce qui correspond aux hypothèses

$$\left.\begin{array}{l} ab' = ba' \\ cb' = bc'. \end{array}\right\} \qquad (1)$$

Dans ce cas, il est facile de voir que l'autre inconnue y se présente aussi sous la même forme, et que l'une des équations est une conséquence de l'autre.

En effet, des égalités (1) on tire :

$$\frac{a}{a'}=\frac{b}{b'}=\frac{c}{c'}.$$

Donc $ac'=ca'$. Par conséquent, y se présente aussi sous la forme $\frac{0}{0}$, et si l'on multiplie la deuxième équation par le rapport de a à a', on retombe sur la première, puisque si on appelle ce rapport k, on a

$$a=a'k,\quad b=b'k,\quad c=c'k.$$

2° L'une des inconnues, x par exemple, peut se présenter sous la forme infinie; ce qui correspond aux hypothèses

$$ab'=ba'.$$
$$cb' \gtrless bc'.$$

Dans ce cas, l'autre valeur est aussi infinie, et les équations sont dites *incompatibles*.

En effet, si y se présentait sous la forme $\frac{0}{0}$, x devrait se présenter sous la même forme; ce qui n'est pas ; donc y aura aussi la forme ∞. Maintenant, si l'on pose

$$\frac{a}{a'}=\frac{b}{b'}=k,$$

en multipliant les termes de la deuxième équation par k, les deux équations deviennent, en remarquant que $a=ka'$ et $b=kb'$,

$$ax+by=c,$$
$$ax+by=k.c'=\frac{bc'}{b'}.$$

Or, par hypothèse,

$$c \gtrless \frac{bc'}{b'}.$$

Donc la même quantité devrait être égale à deux quantités différentes ; ce qui est absurde.

Lorsqu'on calcule directement les valeurs des inconnues, on s'aperçoit de ces particularités par la résolution même.

REMARQUE V.

Il suit, des considérations précédentes, qu'il sera toujours facile de résoudre deux équations à un nombre quelconque d'inconnues; il suffira de considérer toutes les inconnues, excepté deux, comme étant connues, et de résoudre par un des procédés indiqués plus haut; alors, en donnant aux inconnues, qui restent indéterminées, des valeurs quelconques, on en déduira les valeurs correspondantes des deux autres.

Ainsi prenons les deux équations

$$ax + by + cz + dt + \text{etc.} \ldots = m,$$
$$a'x + b'y + c'z + d't + \text{etc.} \ldots = m'.$$

On résoudra les équations

$$ax + by = m - dt - \text{etc.} \ldots = n,$$
$$a'x + b'y = m' - d't - \text{etc.} \ldots = n',$$

comme si n et n' étaient connus; et l'on pourra donner à z, t, etc... des valeurs quelconques. Il y a une infinité de systèmes de valeurs pouvant satisfaire aux équations données. Si au contraire on donnait plus de deux équations et deux inconnues seulement, on résoudrait deux des équations; puis, pour que les équations fussent compatibles, il faudrait que ces valeurs, substituées dans les autres équations, y satisfissent.

Ce qui donnerait autant d'équations *dites de condition*, qu'il y aurait d'équations de plus que d'inconnues.

PROBLÈME III.

Trois équations à trois inconnues étant données, trouver les valeurs de ces inconnues.

Prenons les trois équations :

$$ax + by + cz = d,$$
$$a'x + b'y + c'z = d',$$
$$a''x + b''y + c''z = d''.$$

On peut, par un des moyens indiqués dans la résolution des équations du premier degré à deux inconnues, éliminer l'une des inconnues; de sorte qu'il restera deux équations à deux inconnues que l'on sait résoudre.

Par exemple, on tire de la première :

$$z = \frac{d - ax - by}{c}.$$

Portant cette valeur dans les deux autres, on a :

$$a'x + b'y + c'.\frac{d - ax - by}{c} = d',$$

$$a''x + b''y + c''.\frac{d - ax - by}{c} = d''.$$

Système d'équations qu'on peut résoudre.

On peut aussi employer le moyen suivant, qui consiste à introduire deux nouvelles indéterminées qui servent ensuite à faire disparaître deux inconnues.

Pour cela, on multiplie la première équation par m, la deuxième par n, et on retranche la troisième de la somme des deux premières ainsi préparées, et l'on a :

$$(am + a'n - a'')x + (bm + b'n - b'')y + (cm + c'm - c'')z = dm + d'n - d''.$$

Si l'on veut avoir x, on élimine y et z en posant :

$$\begin{matrix} bm + b'n = b'', \\ cm + c'n = c'', \end{matrix} \quad \text{d'où} \quad x = \frac{dm + d'n - d''}{am + a'n - a''}.$$

Les deux premières équations donnent :

$$m = \frac{b''c' - c''b'}{bc' - cb'},$$

$$n = \frac{bc'' - cb''}{bc' - cb'}.$$

En mettant ces valeurs dans celles de x, il vient :

$$x = \frac{d.\frac{b''c' - c''b'}{bc' - cb'} + d'.\frac{bc'' - cb''}{bc' - cb'} - d''}{a.\frac{b''c' - c''b'}{bc' - cb'} + a'.\frac{bc'' - cb''}{bc' - cb'} - d''}.$$

Chassant le dénominateur $bc' - cb'$, et effectuant, il vient :

$$z=\frac{da'b''-db'c''+bd'c''-cd'b''+cb'd''-bc'd''}{ac'b''-ab'c''+ba'c''-ca'b''+cb'a''-bc'a''}.$$

On déterminerait de la même manière y et z, mais on peut les déduire de la valeur de x, en remarquant qu'il suffirait de changer a, a', a'' en b, b', b'', et réciproquement pour avoir y, ou bien en c, c', c'' pour avoir z.

Ce qui donnerait :

$$y=\frac{dc'a''-da'c''+ad'c''-cd'a''+ca'd''-dc'd''}{bc'a''-ba'c''+ab'c''-cb'a''+ca'b''-ac'b''}.$$

$$z=\frac{da'b''-db'a''+bd'a''-ad'b''+ab'd''-ba'd''}{ca'b''-cb'a''+bc'a''-ac'b''+ab'c''-ba'c''}.$$

REMARQUE I.

Les trois valeurs ont le même dénominateur numérique; on peut toujours le rendre exactement le même en changeant le signe haut et bas; de plus, chaque numérateur se déduit du dénominateur, en remplaçant les coefficients de l'inconnue que l'on considère par les quantités toutes connues correspondantes.

On voit de plus que pour former le dénominateur, il suffit d'écrire les deux arrangements

$$ab, \quad ba,$$

de placer la troisième lettre c à la suite, et de lui faire prendre successivement la deuxième et la première place, ce qui donne :

$$\begin{array}{ll} abc, & bac, \\ acb, & bca, \\ cab, & cba, \end{array}$$

puis d'accentuer la deuxième lettre d'un accent, la troisième de deux, et enfin de mettre alternativement le signe + et le signe —. Ce qui donne

$$D=ab'c''-ac'b''+ca'b''-ba'c''+bc'a''-cb'a''.$$

REMARQUE II.

Vérification. On peut reconnaître que les valeurs ainsi formées sont bonnes en les substituant dans chaque équation et voyant si elles rendent bien le premier membre égal au second.

Effectuons le calcul pour la première, on aura :

$$\frac{d(ab'c''-ac'b'')+a(cd'b''-bd'c''+bc'd''-cb'd'')}{D}=ax,$$

$$\frac{d(bc'a''-ba'c'')+b(ad'c''-ac'd''+ca'd''-cd'a'')}{D}=by,$$

$$\frac{d(ca'b''-cb'a'')+c(ab'd''-ad'b''+bd'a''-ba'd'')}{D}=cz.$$

Ajoutant et faisant les réductions, il vient:

$$\frac{d(ab'c''-ac'b''+bc'a''-ba'c''+ca'b''-cb'a'')}{D}=\frac{d.D}{D}=d.$$

Pour les autres équations, on tomberait sur un résultat analogue, que l'on déduirait du précédent, en changeant d en d' ou en d''.

REMARQUE III.

Les valeurs précédentes sont les seules que l'on puisse trouver; car, s'il en était autrement, une équation du premier degré à une inconnue pourrait avoir plus d'une solution; ce qui n'est pas, comme nous l'avons vu précédemment.

REMARQUE IV.

Lorsqu'on forme les valeurs des trois inconnues par la règle énoncée, il peut se présenter différents cas lorsqu'il s'agit d'équations particulières. Discussion.

1° Si le dénominateur commun est nul sans que les numérateurs le soient :

Chaque valeur est alors infinie, et il est impossible de résoudre les équations données. Elles sont *incompatibles*.

2° Si le dénominateur étant nul, un numérateur au moins ne l'est pas :

Deux valeurs peuvent se présenter sous la forme $\frac{0}{0}$ et être déterminées ou indéterminées; mais il y en a toujours une qui se présente sous la forme ∞, ce qui indique encore l'incompatibilité des équations; il est important de voir pourquoi, dans cette question, une valeur qui se présente sous la forme $\frac{0}{0}$ peut être *déterminée*, soit finie, soit infinie. Prenons par exemple la valeur x, et mettons-la sous la forme

$$x=\frac{d(b'c''-c'b'')+d'(cb''-bc'')+d''(bc'-cb')}{a(b'c''-c'b'')+a'(cb''-bc'')+a''(bc'-cb')}.$$

Le dénominateur peut devenir nul d'une infinité de manières, puisqu'il y entre 9 quantités, dont 8 peuvent être prises arbitrairement. Or, supposons que l'on ait

$$b'c''=c'b'',\qquad cb''=bc''.$$

On en déduit $bc'=cb'$; donc le dénominateur et le numérateur sont nuls, et la valeur de x se présente sous la forme $\frac{0}{0}$.

Mais si on fait d'abord usage de la première hypothèse seulement, on a :

$$b''=\frac{b'c''}{c'},\qquad \text{d'où}\quad x=\frac{(d'c''-c'd'')(bc'-cb')}{(a'c''-c'a'')(bc'-cb')}=\frac{d'c''-c'd''}{a'c''-c'a''}.$$

On voit donc que la valeur de x est déterminée, et ne devient plus $\frac{0}{0}$ lorsqu'on suppose $cb''=bc''$.

Si on ajoute la nouvelle condition $a'c''=c'a''$, la solution est infinie.

3° Si, le dénominateur étant nul, les trois numérateurs le sont aussi, les trois valeurs se présentent sous la forme $\frac{0}{0}$; mais il ne faut pas en conclure que les équations sont toujours susceptibles d'une infinité de solutions.

En effet, le cas dont nous nous occupons se présentera, si l'on suppose

$$(1)\quad \begin{cases} b'c''=c'b'',\\ bc''=cb'', \end{cases}\qquad\qquad (2)\quad \begin{cases} a'c''=c'a'',\\ ac''=ca''. \end{cases}$$

On en déduit

$$(3)\quad \begin{cases} a'b''=b'a'',\\ ab''=ba''. \end{cases}$$

D'après cela, les trois valeurs x, y, z se présentent sous la forme $\frac{0}{0}$; car on peut les écrire :

$$x=\frac{d(b'c''-c'b'')+d'(cb''-bc'')+d''(bc'-cb')}{a(b'c''-c'b'')+a'(cb''-bc'')+a''(bc'-cb')},$$

$$y=\frac{d(a'c''-c'a'')+d'(ca''-ac'')+d''(ac'-ca')}{b(a'c''-c'a'')+b'(ca''-ac'')+b''(ac'-ca')},$$

$$z=\frac{d(a'b''-b'a'')+d'(ba''-ab'')+d''(ab'-ba')}{c(a'b''-b'a'')+c'(ba''-ab'')+c''(ab'-ba')}.$$

Mais si l'on introduit seulement les premières conditions des égalités (1), (2), (3), on a :

$$x=\frac{d'c''-c'd''}{a'c''-c'a''},$$

$$y=\frac{d'c''-c'a''}{b'c''-c'b''},$$

$$z=\frac{d'b''-b'd''}{c'b''-b'c''};$$

valeurs qui deviennent infinies toutes les trois en introduisant les autres hypothèses.

Il peut arriver aussi que les valeurs se présentant sous la forme $\frac{0}{0}$ soient indéterminées, mais ne le soient qu'imparfaitement.

Supposons, par exemple, que l'on ait:

$$d=0, \quad d'=0, \quad d''=0,$$

et

$$D=ab'c''-ac'b''+ca'b''-ba'c''+bc'a''-cb'a''=0.$$

Les trois équations deviennent alors

$$ax+by+cz=0,$$
$$a'x+b'y+c'z=0,$$
$$a''x+b''y+c''z=0.$$

Ou, si l'on divise successivement par z,

$$a.\frac{x}{z}+b.\frac{y}{z}+c=0,$$

$$a'.\frac{x}{z}+b'.\frac{y}{z}+c'=0,$$

$$a''.\frac{x}{z}+b''.\frac{y}{z}+c''=0.$$

Or, au moyen des deux premières, on tire :

$$\frac{x}{z}=-\frac{cb'-bc'}{ab'-ba'},\quad \frac{y}{z}=-\frac{ac'-ca'}{ab'-ba'};$$

valeurs généralement déterminées. Si on les substitue dans la troisième équation, il vient, chassant le dénominateur,

$$a''(bc'-cb')+b''(ca'-ac')+c''(ab'-ba')=0,$$

ou

$$ab'c''-ac'b''+ca'b''-ba'c''+bc'a''-cb'a''=D=0.$$

Égalité satisfaite par hypothèse.

On voit donc que les valeurs x, y, z, tout en étant indéterminées, doivent conserver entre elles le même rapport. Cette remarque trouve son application en trigonométrie, lorsqu'on veut prouver qu'en donnant les trois angles d'un triangle pour résoudre le triangle, le problème est indéterminé.

REMARQUE V.

Si l'on donnait plus de trois inconnues, et seulement trois équations, on pourrait se donner arbitrairement toutes les inconnues, excepté trois. — Dans le cas inverse, c'est-à-dire, lorsqu'on donne trois inconnues et plus d'équations, on obtiendra autant d'équations de condition qu'il y aura d'équations de plus que d'inconnues.

PROBLÈME IV.

Résoudre un nombre quelconque d'équations, contenant un nombre égal d'inconnues, n'y entrant qu'au premier degré.

Soient les équations :

$$ax + by + cz + dt + \text{etc}\ldots = k,$$
$$a'x + b'y + c'z + d't + \text{etc}\ldots = k',$$
$$\vdots$$

en nombre m et contenant m inconnues x, y, z, etc.... ; on pourra éliminer une même inconnue entre les équations prises deux à deux, ce qui donnera $(m-1)$ équations ne contenant que $(m-1)$ inconnues. En opérant sur les dernières comme sur les premières, on pourra éliminer une autre inconnue, et ainsi de suite jusqu'à ce qu'on arrive à une équation ne contenant plus qu'une seule inconnue dont on tirera la valeur. Comme ce raisonnement s'applique à une inconnue quelconque, on résoudra ainsi complétement le système des équations données.

REMARQUE I.

Nous avons vu, pour les équations à deux et à trois inconnues du premier degré, que les valeurs des inconnues pouvaient s'écrire au moyen d'une loi remarquable qui établissait la composition du dénominateur commun et des numérateurs correspondants.

Laplace a donné à cette loi toute sa généralisation. Nous en donnerons ici l'énoncé sans la démonstration, car cette loi est plutôt curieuse qu'utile; l'application en est surtout difficile, lorsque le nombre des équations est considérable, et il vaut toujours mieux résoudre les équations directement. Quoi qu'il en soit, voici en quoi elle consiste, en supposant qu'il s'agisse toujours des équations précédentes.

1° Pour former le dénominateur, *on écrit les deux arrangements des deux premiers coefficients, on les affecte de signes contraires*; ce qui donne:

$$ab - ba$$

On écrit ensuite le troisième coefficient c *à la suite de ces arrangements, on lui fait prendre toutes les places possibles, et on affecte successivement de signes contraires les arrangements résultants*; ce qui donne :

$$\begin{array}{ll} +abc, & -bac, \\ -acb, & +bca, \\ +cab, & -cba, \end{array}$$

ou le sextinôme

$$abc - acb + cab - bac + bca - cba.$$

On répète sur le quatrième coefficient ce qu'on a fait sur le troisième, c'est-à-dire, qu'on l'écrit à la suite de chacun des arrangements précédents, qu'on lui fait prendre toutes les places possibles, et qu'on affecte successivement les arrangements que l'on obtient de signes contraires, en conservant les signes des arrangements primitifs comme points de départ.

On aura alors:

$$\left.\begin{array}{lll} +abcd, & -acbd, & +cabd, \\ -abdc, & +acdb, & -cadb, \\ +adbc, & -adcb, & +cdab, \\ -dabc, & +dacb, & -dcab, \end{array}\right\}\text{etc...}$$

On continuera ainsi de suite jusqu'à l'entier épuisement des coefficients; puis l'on accentuera la deuxième lettre d'un accent, la troisième de deux, la quatrième de trois, et ainsi de suite.

2° *Pour former le numérateur d'une inconnue, on remplace la lettre qui représente son coefficient dans le dénominateur par la lettre qui représente la quantité toute connue dans le deuxième membre de l'équation, sans toucher aux accents.*

Ainsi, pour former la valeur de x, il faudrait remplacer a par k.

REMARQUE II.

Si l'on ne donnait que m équations entre $m+p$ inconnues, il y aurait p de ces inconnues qui pourraient être prises arbitrairement.

Si au contraire on donnait $m+p$ équations entre m inconnues, on serait conduit, pour que le problème soit possible, à p équations de condition.

Application des méthodes précédentes à quelques problèmes particuliers.

Pour mettre un problème en équation, c'est-à-dire, pour faire dépendre sa solution de la résolution d'une ou de plusieurs équations, il faut représenter les quantités inconnues par des lettres, et écrire, au moyen des signes algébriques, les relations qui doivent exister entre ces inconnues et les quantités données, relations qui sont comprises dans l'énoncé de la question à résoudre. — On doit surtout bien se pénétrer de l'énoncé, afin de n'omettre aucune condition dans les relations algébriques correspondantes. Mise en équation d'un problème.

Dans les problèmes d'algèbre, on représente ordinairement les données par des lettres, qui peuvent prendre des valeurs numériques quelconques. Lorsqu'on a trouvé la formule qui donne la valeur ou les valeurs des inconnues, on appelle *discussion* du problème l'examen complet des différentes particularités que peuvent apporter dans les valeurs des inconnues, les grandeurs que peuvent avoir les données les unes par rapport aux autres.

Pour faire une *discussion*, on doit donc faire, sur les données, toutes les hypothèses possibles, et examiner les particularités correspondantes à chaque hypothèse.

PROBLÈME I.

Partager un nombre donné en deux parties, telles que le cinquième de l'une, plus le tiers de l'autre, fassent un autre nombre donné.

Appelons a le nombre à partager, x une des parties, et b le second nombre.

La seconde partie de a sera $a-x$. On aura donc :

$$\frac{x}{5}+\frac{a-x}{3}=b,$$

d'où

$$3x + 5a - 5x = 15b,$$
$$5a - 15b = 5x - 3x = 2x,$$
$$x = \frac{5a - 15b}{2}.$$

On voit qu'il faut que $a \not< 3b$ pour que le problème soit possible. Si on pose :

$$a = 20, \quad b = 6, \quad x = \frac{100 - 90}{2} = 5.$$

Les deux parties sont 5 et 15.

Vérification.

$$\frac{5}{5} + \frac{15}{3} = 1 + 5 = 6.$$

PROBLÈME II.

Trouver deux nombres connaissant leur somme et leur différence.

Soit s la somme, d la différence, x et y les deux nombres.

On aura :

$$x + y = s,$$
$$x - y = d,$$

En ajoutant $2x = s + d, \quad x = \frac{s+d}{2} = \frac{s}{2} + \frac{d}{2},$

En retranchant $2y = s - d, \quad y = \frac{s-d}{2} = \frac{s}{2} - \frac{d}{2}.$

On voit donc que la plus grande des deux quantités est égale à la demi-somme augmentée de la demi-différence, et que la plus petite est égale à la demi-somme diminuée de la demi-différence. — Il est important de faire attention à ce fait qui est d'un usage très-fréquent dans les transformations algébriques.

PROBLÈME III.

Trouver deux nombres connaissant le rapport qui existe entre eux, et leur somme ou leur différence.

Soit s la somme, r le rapport des deux nombres x et y, d la différence.

On aura :

1er cas.	2e cas.
$x+y=s$,	$x-y=d$,
$\frac{x}{y}=r$,	$\frac{x}{y}=r$,
d'où....... $x=r.y$,	d'où....... $x=ry$,
$ry+y=s$,	$ry-y=d$,
$y=\frac{s}{r+1}$,	$y=\frac{d}{r-1}$,
$x=\frac{r.s}{r+1}$.	$x=\frac{r.d}{r-1}$.

PROBLÈME IV.

Deux mobiles se meuvent sur une même ligne droite ; la distance qui les sépare étant connue ainsi que leurs vitesses respectives, on demande au bout de combien de temps ils se rencontreront.

Soit d la distance des deux mobiles, V la vitesse du premier, c'est-à-dire l'espace parcouru pendant l'unité de temps, et V' la vitesse du second ; enfin appelons x le temps au bout duquel la rencontre a lieu.

On voit, d'après l'énoncé, que l'on est dans l'incertitude pour la mise en équation du problème ; car les deux mobiles peuvent se diriger dans le même sens ou en sens contraire. Il convient donc d'examiner ces deux cas. En général l'énoncé d'un problème présente souvent des particularités de ce genre ; on doit toujours séparer tous les cas qui peuvent se présenter, et mettre le problème en équation pour chaque cas en particulier.

Premier cas. Les mobiles se dirigeant dans le même sens,

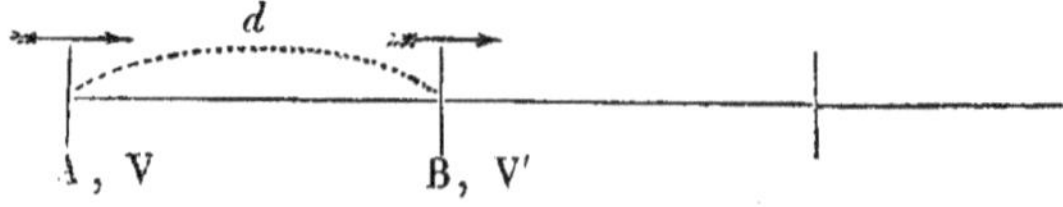

Il est évident que dans ce cas le chemin parcouru par le premier pour atteindre le second, sera égal au chemin parcouru par le dernier, augmenté de la distance qui les séparait. Or, Vx et $V'x$ sont les chemins parcourus, x étant exprimé avec l'unité de temps qui sert à déterminer v et v'. On aura donc:

$$Vx = d + V'x,$$

d'où

$$x = \frac{d}{V - V'}.$$

Si on fait ... $d = 60^{\text{kilom.}}$, $V = 5^{\text{kilom.}}$, $V' = 3^{\text{kilom.}}$, l'unité de temps étant l'heure, on trouve :

$$x = \frac{60}{5 - 3} = 30,$$

c'est-à-dire que les deux mobiles se rencontreront au bout de trente heures.

Discussion.

Il peut se présenter ici trois cas:

1° $V > V' \ldots x > 0,$
2° $V = V' \ldots x = \infty,$
3° $V < V' \ldots x < 0.$

Dans le premier cas, le problème est possible et la solution directe.

Dans le deuxième cas, le problème est impossible.

En effet, deux mobiles animés d'une même vitesse ne sauraient jamais se rencontrer, car ils resteraient toujours à la même distance. Il n'y aurait qu'au cas où ils seraient toujours ensemble, c'est celui où $d = 0$, c'est-à-dire, où ils partiraient du même point; alors la valeur de x se présenterait sous la forme $\frac{0}{0}$, et il y aurait une infinité de réponses à la question.

Dans le troisième cas, la valeur de x est négative; le problème est donc impossible. Cela tient à ce que, pour la mise en équation du problème, on a supposé implicitement que le premier courrier marchait le plus vite, et dans le sens convenable pour qu'il atteigne le deuxième. Or, dans le cas où le premier marche moins vite que le deuxième, il est clair que, s'ils vont toujours dans la même direction, ils ne pourront jamais se rencontrer; mais alors si on change la direction des mobiles, la rencontre devient possible, et la valeur de x est :

$$x = \frac{d}{V' - V},$$

c'est-à-dire égale et de signe contraire à la première.

En général, les solutions négatives d'un problème, prises positivement, correspondent à la solution d'un problème analogue, et dont l'énoncé se déduit aisément du problème primitivement considéré.

Deuxième cas. Les mobiles se dirigeant l'un vers l'autre.

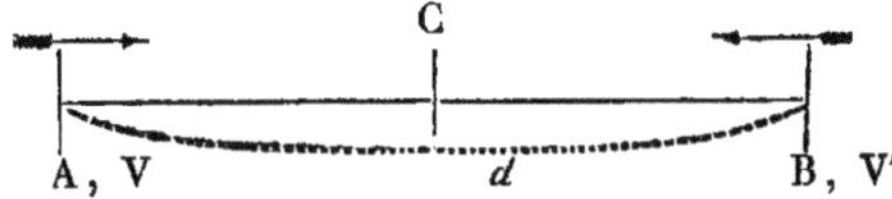

Dans ce cas, la somme des chemins parcourus sera égale à la distance qui les séparait, ce qui donnera l'équation :

$$Vx + V'x = d,$$

d'où on tire :

$$x = \frac{d}{V + V'}.$$

Le problème est ici toujours possible. Si les deux mobiles sont animés de vitesses égales, le point de rencontre sera au milieu de la distance des points de départ.

PROBLÈME V.

On demande de déterminer les heures auxquelles se rencontreront les deux aiguilles d'une montre, l'une marquant les heures, l'autre les minutes.

Ce problème rentre dans le précédent; en effet, l'aiguille des minutes parcourt la circonférence de la montre en une heure; l'aiguille des heures n'en parcourt que les $\frac{5}{60}^{\text{ème}}$; donc, on aura

$$V = C, \quad V' = \frac{5}{60} C,$$

C représentant la circonférence.

Maintenant, supposons les aiguilles à midi. Dès le premier instant l'aiguille des minutes prend l'avance sur l'aiguille des heures, et se trouve avoir à rattraper une circonférence entière sur l'aiguille des heures. De sorte que si on appelle x le temps au bout duquel se fera la première rencontre, on aura :

$$x \times C - x \times \frac{5}{60} C = C;$$

d'où

$$x = \frac{C}{C\left(1 - \frac{5}{60}\right)} = \frac{1}{1 - \frac{1}{12}} = \frac{12}{11} = 1 + \frac{1}{11}.$$

La première rencontre aura donc lieu au bout d'une heure un onzième.

La deuxième au bout d'un temps double, etc.

Les heures de rencontre seront alors :

$$1^h + \frac{1}{11}, \quad 2^h + \frac{2}{11}, \quad 3^h + \frac{3}{11}, \quad 4^h + \frac{4}{11}, \quad 5^h + \frac{5}{11},$$

$$6^h + \frac{6}{11}, \quad 7^h + \frac{7}{11}, \quad 8^h + \frac{8}{11}, \quad 9^h + \frac{9}{11}, \quad 10^h + \frac{10}{11},$$

et enfin la onzième aura lieu à $11^h + \frac{11^h}{11} = 12^h$, c'est-à-dire, que les aiguilles seront revenues au point de départ.

REMARQUE I.

On peut déduire de là facilement, lorsqu'on donne l'heure indiquée par une montre, au bout de combien de temps se fera la première rencontre; il suffira de prendre la différence entre l'heure de la montre et l'heure immédiatement supérieure dans le tableau précédent.

REMARQUE II.

On peut aussi, par les mêmes considérations, résoudre les problèmes suivants :

Indiquer les heures auxquelles les aiguilles sont à angle droit.

Formule :

$$x = \frac{3}{11}(2n+1).$$

Il suffit de faire $n=0$, 1, 2, 3, etc..... pour avoir la première, deuxième, etc., réponse à la question.

Indiquer les heures auxquelles les aiguilles sont sur le prolongement l'une de l'autre.

Formule :

$$x = \frac{6}{11}(2n+1).$$

En faisant $n=0$, 1, 2, 3, etc., on a la première, la deuxième, etc., réponse à la question.

PROBLÈME VI.

Connaissant les sommes de trois quantités prises deux à deux, déterminer ces quantités.

Soient a, b, c, les trois sommes ; x, y, z les trois inconnues, on aura :

$$\left.\begin{array}{l} x+y=a, \\ x+z=b, \\ z+y=c. \end{array}\right|$$

d'où ..... $(x+y)-(x+z)=y-z=a-b$,

mais .... $y+z=c$,

donc..................... $y=\dfrac{a-b+c}{2}$,

$$z=\frac{c-a+b}{2};$$

par suite.................. $x=\dfrac{a-c+b}{2}$.

PROBLÈME VII.

Connaissant les sommes de quatre quantités prises trois à trois, déterminer ces quantités.

Soient a, b, c, d, les quatre sommes; x, y, z, u, les quatre quantités, on aura :

$$\left.\begin{array}{l} x+y+z=a \\ x+y+u=b \\ x+z+u=c \\ y+z+u=d. \end{array}\right| \begin{array}{l} \text{d'où} \ldots (x+y+z)-(x+y+u)=z-u=a-b, \\ \qquad (x+y+z)-(x+z+u)=y-u=a-c, \\ \qquad (x+y+z)-(y+z+u)=x-u=a-d; \\ \text{donc} \ldots\ldots\ldots\ldots \; z=a-b+u, \\ \qquad y=a-c+u, \\ \qquad x=a-d+u. \end{array}$$

Portant ces trois valeurs dans la première équation, il vient :

$$3a+3u-b-c-d=a;$$

$$\text{d'où} \ldots\ldots\ldots\ldots\ldots\ldots \; u=\frac{b+c+d-2a}{3};$$

$$\text{par suite} \ldots\ldots\ldots\ldots \; z=\frac{a+c+d-2b}{3},$$

$$y=\frac{a+b+d-2c}{3},$$

$$x=\frac{a+b+c-2d}{3}.$$

PROBLÈME VIII.

Partager un nombre en n *parties qui soient entre elles comme les nombres* a, b, c, d, etc....

Soient N le nombre, x, y, z, etc.... les parties, on aura :

$$\left.\begin{array}{l} \frac{x}{y}=\frac{a}{b} \\ \frac{x}{z}=\frac{a}{c} \\ \frac{x}{u}=\frac{a}{d} \\ \vdots \\ (n-1) \text{ équations.} \end{array}\right| \begin{array}{l} \text{et} \qquad N=x+y+z+\text{etc}\ldots \\ \text{or on a} \ldots \; y=\frac{b}{a}.x, \quad z=\frac{c}{a}.x, \quad u=\frac{d}{a}x \text{ etc}\ldots \\ \text{d'où} \ldots \; N=x+\frac{b}{a}x+\frac{c}{a}x+\text{etc}\ldots \\ \qquad =\frac{x(a+b+c+\text{etc}\ldots)}{a} \\ \text{donc} \ldots \; x=\frac{a.N}{a+b+c+\text{etc}\ldots} \end{array}$$

$$\text{par suite} \ldots y=\frac{b.N}{a+b+c+\text{etc}\ldots}$$

$$z=\frac{c.N}{a+b+c+\text{etc}\ldots}$$

et ainsi de suite.

PROBLÈME IX.

Deux fontaines coulent dans un bassin, la première pendant 2^h, *la seconde pendant* 1^h, *et le bassin se trouve rempli. Si la première fontaine eût coulé pendant* 1^h, *et la deuxième pendant* 4^h, *le bassin se fût trouvé rempli également. On demande combien il faudrait de temps à chacune des fontaines coulant seule pour remplir le bassin.*

Soit a la capacité du bassin, x et y les temps demandés. La première fontaine, pendant une heure, remplira $\frac{a}{x}$ du bassin, la deuxième, $\frac{a}{y}$; on aura donc:

$$\left.\begin{array}{lll} 2.\frac{a}{x}+\frac{a}{y}=a & \text{ou} & 2.\frac{1}{x}+\frac{1}{y}=1. \\ \frac{a}{x}+4.\frac{a}{y}=a. & & \frac{1}{x}+4.\frac{1}{y}=1. \end{array}\right\} \quad (1)$$

Multipliant la seconde des équations (1) par 2, et en retranchant la première, il vient:

$$8.\frac{1}{y}-\frac{1}{y}=1, \quad \text{d'où} \quad \frac{7}{y}=1, \quad y=7;$$

par suite,

$$2.\frac{1}{x}=1-\frac{1}{7}=\frac{6}{7}, \quad \text{d'où} \quad x=\frac{7}{3}.$$

C'est-à-dire qu'il faudra 7^h à la deuxième fontaine, et $\frac{7}{3}^h$ à la première pour remplir le bassin séparément.

Vérification.

La première fontaine, pendant les deux heures qu'elle fonctionne, remplira .... $2\times\frac{3}{7}$ du bassin.

La deuxième, pendant la première heure, aurait rempli pour sa part.................... $\frac{1}{7}$

Donc, la capacité remplie serait... $\frac{6}{7}+\frac{1}{7}=1$.

De même, pendant la première heure dans la seconde hypothèse, la première fontaine remplira..... $\frac{3}{7}$

Pendant les quatre heures que coule la deuxième, elle remplira.................................... $\frac{4}{7}$

Donc, en définitive, la partie remplie sera........................ $\frac{3}{7}+\frac{4}{7}=1.$

PROBLÈME X.

Trouver un nombre de quatre chiffres, sachant 1° que la somme de ses chiffres est égale à 18; 2° que la somme des chiffres de rang pair, en partant de la gauche, surpasse la somme des autres chiffres de 4; 3° que la somme des trois premiers chiffres diminuée du dernier est égale à 8; enfin, 4° que la somme des chiffres extrêmes est moindre que la somme des chiffres du milieu, de deux unités.

Soit $N=xyzu$, x, y, z, u étant les chiffres inconnus, on aura:

$$x+y+z+u=18,$$
$$y+u-x-z=4,$$
$$x+y+z-u=8,$$
$$y+z-x-u=2.$$

En retanchant la troisième de la première, on a :

$$2u=10, \quad \text{d'où} \quad u=5.$$

En ajoutant la deuxième et la troisième, on a:

$$2y=12, \quad \text{d'où} \quad y=6.$$

En ajoutant la deuxième et la quatrième, il vient :

$$2y-2x=6, \quad y-x=3, \quad x=y-3=3;$$

par suite

$$z=18-5-6-3=4.$$

Le nombre cherché est donc:

$$N=3645.$$

PROBLÈME XI.

Combien devrait-on donner chaque année, pendant n *années, pour éteindre une dette de* A[francs]*, sachant que le taux de l'argent est* t[francs]*?*

Soit x la somme cherchée. Puisque l'on donne x francs chaque année, au bout des n années, en tenant compte des intérêts des sommes versées, on aura remboursé un capital marqué par

$$x\left(1+\frac{t}{100}\right)^{n-1}+x\left(1+\frac{t}{100}\right)^{n-2}+\ldots+x=x.\frac{\left(1+\frac{t}{100}\right)^{n}-1}{\frac{t}{100}}.$$

Or, la dette à éteindre est devenue au bout des n années :

$$A\left(1+\frac{t}{100}\right)^{n}.$$

On devra donc avoir

$$x.\frac{\left(1+\frac{t}{100}\right)^{n}-1}{\frac{t}{100}}=A\left(1+\frac{t}{100}\right)^{n},$$

d'où

$$x=\frac{A.t}{100}\times\frac{\left(1+\frac{t}{100}\right)^{n}}{\left(1+\frac{t}{100}\right)^{n}-1}.$$

REMARQUE.

Cette formule pourrait aussi servir à déterminer n, si x était connu.

Dans ce cas, appelons a la somme que l'on donne chaque année, et x le nombre des années au bout desquelles on doit avoir éteint la dette.

On aura :

$$\left(a-\frac{A.t}{100}\right)\left(1+\frac{t}{100}\right)^{x}=a.$$

D'où

$$x = \frac{\log. a - \log. \left(a - \frac{At}{100}\right)}{\log. \left(1 + \frac{t}{100}\right)}.$$

Il faut donc que $a > \frac{At}{100}$. Ce qui était évident *à priori*.

II.

Résolution des équations du deuxième degré.

PROBLÈME I.

Une équation du deuxième degré à une inconnue étant donnée, trouver les valeurs de cette inconnue susceptibles de satisfaire à l'équation.

On peut toujours supposer l'équation sous la forme

$$Ax^2+Bx+C=0,$$

A, B, C étant des quantités quelconques ; car il suffit, pour ramener une équation à cette forme, de faire passer tous les termes dans un membre, et de réunir les termes, en x^2, en x, et tous connus.

Ainsi, l'équation

$$3x^2-4x+7x^2-2x+1=10x-5x^2+10$$

peut s'écrire :

$$15x^2-16x-9=0.$$

Cela posé, il peut se présenter plusieurs cas.

1°... $C=0$, ce qui réduit l'équation à $Ax^2+Bx=0$.

2°... $B=0$, $Ax^2+C=0$.

3°... $A, B, C \gtrless 0$, $Ax^2+Bx+C=0$.

Premier cas.

$$Ax^2+Bx=0.$$

Le premier membre de cette équation peut s'écrire :

$$(Ax+B)x=0.$$

Or, ce produit ne peut être nul que par les deux hypothèses,

$$x=0, \quad Ax+B=0,$$

Ce qui donne les deux solutions :

$$x_1 = 0, \quad x_2 = -\frac{B}{A}.$$

Deuxième cas.

$$Ax^2 + C = 0.$$

Divisant les deux termes par A, et posant $\frac{C}{A} = -a$, on a l'équation :

$$x^2 - a = 0.$$

Or, a peut être considéré comme le carré de $\sqrt{a}$, et l'on peut écrire :

$$x^2 - a = x^2 - (\sqrt{a})^2 = (x - \sqrt{a})(x + \sqrt{a}) = 0,$$

puisque la différence de deux quantités multipliée par leur somme donne la différence de leurs carrés.

Cela posé, le premier membre ne peut être nul qu'autant que l'un des deux facteurs est nul, ce qui donne les deux hypothèses :

$$x - \sqrt{a} = 0, \quad x + \sqrt{a} = 0;$$

d'où les deux solutions :

$$x_1 = \sqrt{a}, \quad x_2 = -\sqrt{a}.$$

REMARQUE I.

Pour avoir la valeur de l'inconnue, on est obligé d'extraire une racine; de là on a donné aux solutions d'une équation le nom de *racines* de cette équation. Cette dénomination a été conservée quand bien même la résolution ne dépend plus de l'extraction d'une racine.

REMARQUE II.

Valeurs imaginaires.

Si la quantité a était négative, il serait impossible d'en extraire la racine carrée, puisqu'une quantité positive ou négative élevée au carré reproduit toujours une quantité positive. On dit alors que la quantité a une racine carrée *imaginaire*, et les racines de l'équation sont dites *imaginaires*.

Par opposition, les quantités positives ou négatives ordinaires sont dites *réelles*.

Dans ce cas, l'équation $Ax^2+C=0$ serait la somme de deux quantités de même signe, et en supposant que x reçoive une valeur réelle, il est bien évident, *à priori*, que le premier membre ne pourrait jamais être nul.

Troisième cas.

$$Ax^2+Bx+C=0.$$

Première solution. Divisant par A tous les termes, et posant :

$$\frac{B}{A}=p, \qquad \frac{C}{A}=q,$$

on a à résoudre l'équation

$$x^2+px+q=0.$$

Or x^2+px sont les deux premiers termes du carré

$$\left(x+\frac{p}{2}\right)^2=x^2+px+\frac{p^2}{4}.$$

Donc, si on ajoute et on retranche $\frac{p^2}{4}$ au premier membre, il prendra la forme

$$x^2+px+\frac{p^2}{4}-\left(\frac{p^2}{4}-q\right)=0,$$

ou

$$\left(x+\frac{p}{2}\right)^2-\left(\frac{p^2}{4}-q\right)=0.$$

Cette forme est analogue à la forme que nous avons considérée dans le cas précédent. Et alors, en regardant de même la deuxième partie de la différence comme le carré de sa racine, on aura :

$$\left(x+\frac{p}{2}\right)^2-\left(\sqrt{\frac{p^2}{4}-q}\right)^2=\left(x+\frac{p}{2}+\sqrt{\frac{p^2}{4}-q}\right)\left(x+\frac{p}{2}-\sqrt{\frac{p^2}{4}-q}\right)=0.$$

Or, ce produit ne peut être nul que dans les deux hypothèses :

$$x+\frac{p}{2}+\sqrt{\frac{p^2}{4}-q}=0, \quad x+\frac{p}{2}-\sqrt{\frac{p^2}{4}-q}=0.$$

Ce qui donne les deux valeurs

$$x_1=-\frac{p}{2}-\sqrt{\frac{p^2}{4}-q}, \quad x_2=-\frac{p}{2}+\sqrt{\frac{p^2}{4}-q}.$$

On aurait pu faire passer $\frac{p^2}{4}-q$ dans le deuxième membre, et extraire la racine carrée de part et d'autre, et on aurait été conduit aux deux mêmes valeurs.

Deuxième solution.

$$Ax^2+Bx+C=0.$$

Au lieu de diviser tous les termes par A, multiplions-les par 4A. On aura :

$$4A^2x^2+4ABx+4AC=0.$$

Or, les deux premiers termes sont ceux du carré de $2Ax+B$; donc, ajoutant et retranchant B^2, on pourra écrire le premier membre sous la forme:

$$4A^2x^2+4ABx+B^2-(B^2-4AC)=(2Ax+B)^2-(B^2-4AC)=0.$$

Ce qui donne les deux hypothèses :

$$2Ax+B=\sqrt{B^2-4AC},$$
$$2Ax+B=-\sqrt{B^2-4AC};$$

d'où on tire les deux racines

$$x_1=\frac{-B+\sqrt{B^2-4AC}}{2A}, \quad x_2=\frac{-B-\sqrt{B^2-4AC}}{2A}.$$

Ces valeurs rentrent dans celles qui ont été trouvées précédemment. Il suffirait pour retrouver ces dernières valeurs de remplacer $\frac{B}{A}$ par p et $\frac{C}{A}$ par q.

Troisième solution.

$$Ax^2+Bx+C=0.$$

Au lieu de considérer les deux premiers termes de l'équation, on peut considérer les deux derniers, et regarder $C+Bx$ comme les deux premiers termes du carré du binôme $\sqrt{C}+\frac{Bx}{2\sqrt{C}}$; alors ajoutant et retranchant $\frac{B^2x^2}{4C}$, il vient :

$$Ax^2-\frac{B^2}{4C}x^2+\left(\sqrt{C}+\frac{Bx}{2\sqrt{C}}\right)^2=0$$

ou

$$\left(\sqrt{C}+\frac{Bx}{2\sqrt{C}}\right)^2-\left(\frac{B^2-4AC}{4C}\right)x^2=0.$$

Le premier membre peut se décomposer en deux facteurs, du premier degré en x; ou bien on peut faire passer un terme dans le deuxième membre, et extraire la racine carrée des deux membres, ce qui conduira toujours aux deux hypothèses:

$$\sqrt{C}+\frac{Bx}{2\sqrt{C}}=\frac{\sqrt{B^2-4AC}}{2\sqrt{C}}.x, \quad \text{et} \quad \sqrt{C}+\frac{Bx}{2\sqrt{C}}=-\frac{\sqrt{B^2-4AC}}{2\sqrt{C}}.x;$$

ou en multipliant par $2\sqrt{C}$,

$$2C+Bx=\sqrt{B^2-4AC}.x, \quad 2C+Bx=-\sqrt{B^2-4AC}.x;$$

d'où on déduit les deux racines

$$x_1=\frac{2C}{-B+\sqrt{B^2-4AC}}, \quad x_2=\frac{2C}{-B-\sqrt{B^2-4AC}}.$$

Si l'on voulait avoir les valeurs x_1 et x_2 lorsque l'équation est sous la forme

$$x^2+px+q=0,$$

il suffirait de faire $A=1$, $B=p$, $C=q$; ce qui donnerait:

$$x_1=\frac{2q}{-p+\sqrt{p^2-4q}}, \quad x_2=\frac{2q}{-p+\sqrt{p^2-4q}}.$$

Il est aisé de ramener les valeurs à la forme qu'elles avaient dans les solutions précédentes; il suffit de faire disparaître le radical du dénominateur.

Prenons

$$x_1=\frac{2C}{-B+\sqrt{B^2-4AC}}.$$

Si on multiplie haut et bas par $-B-\sqrt{B^2-4AC}$, on aura:

$$x_1=-\frac{\left(B+\sqrt{B^2-4AC}\right)2C}{B^2-B^2+4AC}=\frac{-B-\sqrt{B^2-4AC}}{2A},$$

valeur qui est une de celles que l'on a trouvées précédemment.

Dans le cas où l'on prend la forme

$$x^2+px+q=0,$$

on a

$$x_1=\frac{2q}{-p+\sqrt{p^2-4q}}=\frac{-p-\sqrt{p^2-4q}}{2}=-\frac{p}{2}-\sqrt{\frac{p^2}{4}-q}.$$

On raisonnerait de même pour la deuxième valeur x_2.

REMARQUE I.

Il suit des considérations précédentes :

Règle pour écrire les valeurs des racines d'une équation du deuxième degré.

1° *Que si le coefficient du terme en* x^2 *est l'unité, ou si l'équation est sous la forme*

$$x^2+px+q=0,$$

on obtient les valeurs de x *en prenant, la moitié du coefficient de la première puissance de cette inconnue changée de signe, à laquelle on ajoute ou on retranche la racine carrée du carré de cette moitié, diminuée de la quantité toute connue supposée dans le premier membre.*

2° *Que si le coefficient du premier terme n'est pas l'unité, c'est-à-dire, si l'équation est sous la forme*

$$Ax^2+Bx+C=0,$$

on obtient les valeurs, en prenant le coefficient de x *changé de signe, lui ajoutant ou lui retranchant la racine carrée du carré de ce coefficient diminué de* quatre *fois le produit de la quantité toute connue par le coefficient de* x^2, *et divisant le tout par le double du coefficient de* x^2.

Il faut bien remarquer que chaque règle n'est applicable qu'autant que l'équation que l'on traite est ramenée à la forme correspondante.

Exemple. Résoudre

$$x^2-3x+1=0.$$

RÈGLE Ire.

$$x=\frac{3}{2}\pm\sqrt{\frac{9}{4}-1}=\frac{3\pm\sqrt{5}}{2}.$$

Exemple. Résoudre

$$2x^2-3x+1=0.$$

RÈGLE II.

$$x=\frac{3\pm\sqrt{9-4.2}}{4}=\frac{3\pm\sqrt{1}}{4}=\frac{3\pm 1}{4}.$$

Ce qui donne

$$x_1=1, \quad x_2=\frac{1}{2}.$$

REMARQUE II.

Par la résolution d'une équation du deuxième degré, on a vu qu'il y avait deux valeurs de x qui satisfaisaient à l'équation ; il est aisé de voir que, quelle que soit la marche que l'on suive, les deux valeurs trouvées sont uniques.

En effet, soit l'équation

$$x^2+px+q=0. \tag{1}$$

On a vu que son premier membre pouvait s'écrire sous la forme

$$\left(x+\frac{p}{2}-\sqrt{\frac{p^2}{4}-q}\right)\left(x+\frac{p}{2}+\sqrt{\frac{p^2}{4}-q}\right)=(x-x_1)(x-x_2)=0. \tag{2}$$

Or, si on pouvait trouver une autre valeur que x_1 ou x_2, en la mettant dans l'équation (1), ou, ce qui revient au même, dans l'équation (2), le premier membre devrait se réduire à zéro; ce qui est absurde, puisque aucun des facteurs ne devient zéro.

Donc, *une équation du deuxième degré a deux racines, et n'en a que deux.*

REMARQUE III.

Il suit évidemment, de la remarque précédente, que le premier membre d'une équation du deuxième degré n'est décomposable que d'une seule manière en facteurs du premier degré en x. Car si la décomposition pouvait se faire de plus d'une manière, l'équation aurait plus de deux racines, ce qui est impossible.

REMARQUE IV.

Il est aisé de vérifier que les expressions formées en suivant l'une des règles données dans la *Remarque I*, rendent nul le premier membre de l'équation.

En effet, soit

$$x^2+px+q=0, \quad \text{d'où} \quad x=-\frac{p}{2}\pm\sqrt{\frac{p^2}{4}-q}.$$

Substituant, il vient:

$$\left(-\frac{p}{2}\pm\sqrt{\frac{p^2}{4}-q}\right)^2+p\left(-\frac{p}{2}\pm\sqrt{\frac{p^2}{4}+q}\right)+q$$

$$=\frac{p^2}{4}\mp p\sqrt{\frac{p^2}{4}-q}+\frac{p^2}{4}-q-\frac{p^2}{2}\pm p\sqrt{\frac{p^2}{4}-q}+q$$

$$=\frac{p^2}{4}+\frac{p^2}{4}-\frac{p^2}{2}\mp p\sqrt{\frac{p^2}{4}-q}\pm p\sqrt{\frac{p^2}{4}-q}+q-q$$

$$=0.$$

Ainsi, ces formules sont bonnes, p et q étant des quantités quelconques, pourvu que l'on opère sur elles comme sur des quantités ordinaires.

REMARQUE V.

Dans toute équation de la *forme* $x^2+px+q=0$, la somme des racines est égale au coefficient de x pris en signe contraire, et le produit à la quantité toute connue.

Ainsi, en appelant x_1 et x_2 les deux racines, on a:

$$x_1+x_2=-p,$$
$$x_1x_2=q.$$

En effet, on a:

$$x_1=-\frac{p}{2}+\sqrt{\frac{p^2}{4}-q}$$
$$x_2=-\frac{p}{2}-\sqrt{\frac{p^2}{4}-q}$$

ajoutant... $x_1+x_2=-p.$

Multipliant et remarquant que la somme de deux quantités par leur différence, donne au produit, la différence des carrés de ces quantités, il vient:

$$x_1 . x_2=\frac{p^2}{4}-\left(\frac{p^2}{4}-q\right)=q.$$

On pourait aussi remarquer que le produit

$$(x-x_1)(x-x_2)$$

doit reproduire identiquement le premier membre de l'équation. Lorsqu'on effectue les calculs, on devra donc avoir identiquement

$$x^2-(x_1+x_2)x+x_1x_2=x^2+px+q,$$

d'où

$$x_1+x_2=-p,$$
$$x_1 . x_2=\quad q.$$

REMARQUE VI.

Si l'équation avait la forme

$$Ax^2+Bx+C=o,$$

on aurait:

$$x_1+x_2=-\frac{B}{A},$$
$$x_1 . x_2=\quad\frac{C}{A}.$$

REMARQUE VII.

Lorsqu'on donne une équation numérique, les valeurs des racines peuvent présenter différentes particularités que nous allons examiner. Discussion des valeurs.

Soit toujours l'équation

$$x^2+px+q=0.$$

Les racines sont :

$$x_1=-\frac{p}{2}+\sqrt{\frac{p^2}{4}-q}$$

$$x_2=-\frac{p}{2}-\sqrt{\frac{p^2}{4}-q}.$$

1° Si $\frac{p^2}{4}-q>0$, l'extraction de la racine est possible : les racines sont *réelles*.

2° Si $\frac{p^2}{4}-q=0$, le radical disparaît : les racines sont *égales*.

3° Si $\frac{p^2}{4}-q<0$, l'extraction de la racine carrée est impossible : les racines sont *imaginaires*.

Si l'équation a la forme

$$Ax^2+Bx+C=0,$$

on a

$$x_1=\frac{-B+\sqrt{B^2-4AC}}{2A}$$

$$x_2=\frac{-B-\sqrt{B^2-4AC}}{2A}.$$

1° Si $B^2-4AC>0$, les racines sont *réelles*.
2° Si $B^2-4AC=0$, les racines sont *égales*.
3° Si $B^2-4AC<0$, les racines sont *imaginaires*.

Il est bien entendu que les coefficients des équations que l'on considère sont réels.

REMARQUE VIII.

Il résulte évidemment de ce qui précède que :

1° Si les racines d'une équation du deuxième degré sont *réelles*, le *trinôme* qui compose son premier membre est la différence de deux quantités positives ou de deux carrés.

2° Si les racines sont *égales*, le trinôme est un carré parfait.

3° Si les racines sont *imaginaires*, le trinôme est la somme de deux quantités essentiellement positives ou de deux carrés.

En effet, on sait que le premier membre peut s'écrire sous la forme

$$\left(x+\frac{p}{2}\right)^2-\left(\frac{p^2}{4}-q\right).$$

Donc, etc.

Cette forme montre aussi que si les racines sont égales ou imaginaires, le premier membre de l'équation reste constamment positif pour une valeur quelconque réelle de x; et que si les racines sont réelles et inégales, il peut être positif, nul ou négatif pour des valeurs réelles convenablement choisies.

REMARQUE IX.

Il suit, de ce qui précède, qu'il est toujours facile de déterminer la nature des racines d'une équation du deuxième degré donnée, à coefficients numériques, sans la résoudre.

Le tableau suivant indique les différents cas qui peuvent se présenter.

Pour la forme

$$x^2+px+q=0.$$

$\frac{p^2}{4}-q>0$. Racines réelles inégales.	$q>0$. Racines de mêmes signes.	$p<0$.	Positives.
		$p>0$.	Négatives.
	$q<0$. Racines de signes contraires.	$p<0$.	La plus grande racine est positive.
		$p>0$.	La plus grande racine est négative.
$\frac{p^2}{4}-q=0$. Racines réelles égales.		$p<0$.	Positives.
		$p<0$.	Négatives.
$\frac{p^2}{4}-q<0$. Racines imaginaires.			

Lorsque $q<0$, les racines sont toujours réelles, car la condition $\frac{p^2}{4}-q>0$ est toujours satisfaite.

Dans le cas où l'on considère la forme

$$Ax^2+Bx+C=0,$$

on prend la condition

$$B^2 - 4AC \gtreqless 0;$$

et en supposant $A > 0$, les conclusions relatives à B et C sont les mêmes que pour p et q dans le cas précédent.

PROBLÈME II.

Résolution des équations dites *bicarrées.*

Résoudre une équation de la forme

$$Ax^4 + Bx^2 + C = 0. \qquad (1)$$

Cette équation est du quatrième degré, mais elle ne contient que les puissances seconde et quatrième de l'inconnue ; sa résolution se déduit alors facilement de celle d'une équation du deuxième degré ; on lui donne le nom d'équation bicarrée.

Pour la résoudre, posons :

$$x^2 = y, \quad x^4 = y^2;$$

et substituons, on aura :

$$Ay^2 + By + C = 0. \qquad (2)$$

Équation que l'on sait résoudre. Appelons y_1 et y_2 les deux racines. On pourra, pour satisfaire à l'équation (1), faire les deux hypothèses :

$$x^2 = y_1, \quad x^2 = y_2.$$

Ce qui donne deux valeurs de x pour chacune d'elles :

$$x_1 = \sqrt{y_1} \quad x_3 = \sqrt{y_2},$$
$$x_2 = -\sqrt{y_1} \quad x_4 = -\sqrt{y_2}.$$

On voit donc que l'équation bicarrée a quatre racines égales, deux à deux et de signes contraires.

Si l'on veut avoir les racines au moyen des coefficients, il suffit de remplacer y_1 et y_2 par leurs valeurs. On peut aussi écrire les quatre valeurs ensemble de la manière suivante :

$$x = \pm\sqrt{\frac{-B \pm \sqrt{B^2 - 4AC}}{2A}}.$$

REMARQUE I.

On aurait pu reconnaître *à priori* que les racines de l'équation devaient être égales et de signes contraires; car si a est racine, on doit avoir

$$Aa^4 + Ba^2 + C = o.$$

Or, si on substitue $-a$ à la place x, on trouve, dans le premier membre, le même résultat, puisqu'il n'y a que des puissances paires de x. Donc $-a$ sera aussi racine.

REMARQUE II.

On déduit la nature des racines de l'équation bicarrée, de celle des racines du deuxième degré correspondantes.

Le tableau suivant indique les différents cas qui peuvent se présenter, en appelant y_1 et y_2 les racines de l'équation du deuxième degré.

y_1, y_2 racines réelles inégales.	y_1 et y_2... positives...	les quatre racines sont réelles.
	y_1 et y_2... de signes contraires...	deux racines réelles et deux imaginaires.
	y_1 et y_2... négatives...	les quatre racines sont imaginaires.
y_1, y_2 racines réelles égales.	y_1 et y_2... positives...	les quatre racines sont réelles et égales deux à deux.
	y_1 et y_2... négatives...	les quatre racines sont imaginaires.
y_1, y_2 racines imaginaires.	Les quatre racines sont imaginaires.	

PROBLÈME III.

Résolution de deux équations du deuxième degré à deux inconnues.

Résoudre deux équations du deuxième degré à deux inconnues.

On peut toujours mettre les deux équations données sous la forme

$$y^2 + Bxy + Cx^2 + Dy + Ex + F = o, \qquad (1)$$

$$y^2 + B'xy + C'x^2 + D'y + E'x + F' = o. \qquad (2)$$

On pourra alors les remplacer par l'une d'elles et par leur différence :

$$(B-B')xy+(C-C')x^2+(D-D')y+(E-E')x+(F-F')=0.$$

Cette nouvelle équation n'étant que du premier degré en y, on tirera la valeur de cette inconnue, que l'on portera, soit dans l'équation (1), soit dans l'équation (2), et on aura une équation qui ne contiendra plus que l'inconnue x ; en la résolvant, on aura les valeurs de x cherchées. — Il pourra arriver que l'équation en x ne soit pas toujours une de celles que l'on sait résoudre actuellement ; alors on serait obligé de recourir à des considérations d'un ordre plus élevé, qui seront exposées plus tard. Mais toutes les fois que l'équation définitive ou *finale* sera du deuxième degré, ou bicarrée, on pourra facilement résoudre les deux équations données, par les procédés élémentaires.

Exemple. Résoudre les deux équations

$$x^2+3y^2-5y+2x-1=0,$$
$$2x^2+6y^2-3y+8x-5=0.$$

En divisant les termes de la deuxième par 2, et la retranchant de la première, il vient :

$$\left(\frac{3}{2}-5\right)y+(2-4)x+\frac{5}{2}-1=0$$

ou

$$\frac{7}{2}y+2x-\frac{3}{2}=0;$$

ce qui donne :

$$7y+4x-3=0.$$

(On aurait pu aussi doubler la première et retrancher la deuxième.)

En résolvant, on a :

$$y=\frac{3-4x}{7},$$

d'où

$$x^2+3\left(\frac{3-4x}{7}\right)^2-5\left(\frac{3-4x}{7}\right)+2x-1=0.$$

Équation qui ne sera que du second degré, et que l'on résoudra aisément.

REMARQUE.

Si le nombre des équations augmentait, le même procédé ne serait plus généralement applicable.

CONCLUSION.

Les problèmes qui viennent d'être résolus apprennent donc à résoudre dans tous les cas les équations du deuxième degré, les équations bicarrées à une inconnue et les équations du deuxième degré à deux inconnues, dans le cas particulier où l'élimination d'une inconnue conduit à une équation fonction de l'autre inconnue, qui est ou du deuxième degré ou bicarrée.

Cette résolution est une des parties les plus utiles de l'algèbre élémentaire; les équations du deuxième degré sont d'un emploi continuel, et l'on ne saurait trop se familiariser avec leur résolution. Les formules qui donnent les racines doivent aussi être assez familières pour qu'on puisse écrire immédiatement les racines d'une équation du deuxième degré donnée.

Ces formules sont :

1° pour $x^2+px+q=0$ (1) $\qquad x=-\frac{p}{2}\pm\sqrt{\frac{p^2}{4}-q}.$

2° pour $Ax^2+Bx+C=0$ (2) $\qquad x=\frac{-B\pm\sqrt{B^2-4AC}}{2A}.$

Dans chaque cas particulier, p, q, A, B, C, sont remplacés par les valeurs numériques correspondantes.

Nous terminerons ces considérations en donnant un exemple de l'embarras dans lequel peut jeter quelquefois l'application des formules algébriques.

Dans le cas de l'équation (2), si on fait $A=0$, l'équation se réduit à :

$$Bx+C=0 \quad \text{ou} \quad x=-\frac{C}{B}.$$

Or, si l'on fait cette hypothèse dans la formule qui donne en thèse générale la valeur de l'inconnue, on a:

$$x = \frac{-B \pm B}{o}, \text{ ou } \begin{cases} x_1 = \frac{o}{o} \\ x_2 = -\frac{2B}{o}. \end{cases}$$

L'une des valeurs se présente sous la forme de l'indétermination, l'autre avec une valeur numérique plus grande que toute quantité donnée, c'est-à-dire infinie.

La formule paraît être en défaut. Cependant il est facile de faire voir que la valeur qui se présente sous la forme $\frac{o}{o}$ peut conduire à la racine $-\frac{C}{B}$, que l'on a trouvée directement.

En effet, écrivons cette valeur avant l'hypothèse $A = o$. On a:

$$x_1 = \frac{-B + \sqrt{B^2 - 4AC}}{2A}.$$

Multipliant haut et bas par $-B - \sqrt{B^2 - 4AC}$, il vient:

$$x_1 = \frac{(-B + \sqrt{B^2 - 4AC})(-B - \sqrt{B^2 - 4AC})}{2A(-B - \sqrt{B^2 - 4AC})},$$

$$x_1 = \frac{B^2 - B^2 + 4AC}{-2A(B + \sqrt{B^2 - 4AC})} = -\frac{2C}{B + \sqrt{B^2 - 4AC}}, \quad (a)$$

toute réduction faite.

Or, si on fait actuellement $A = o$, la valeur se réduit à:

$$x_1 = -\frac{C}{B}.$$

Il est à remarquer que la valeur de x sous la forme (a) n'est autre chose que le produit des racines $\frac{C}{A}$ divisé par l'autre racine x_2, ce que l'on devait prévoir. Par conséquent on aurait pu l'écrire immédiatement.

Il reste à expliquer la seconde solution qui se présente sous la forme de l'infini.

Pour cela nous remarquerons que cette valeur peut s'écrire aussi :

$$x_2 = \frac{2C}{-B+\sqrt{B^2-4AC}}.$$

Or, si A diminue de plus en plus, le dénominateur s'approche de plus en plus de zéro. Par conséquent, la valeur de x va en augmentant numériquement ; donc, lorsque dans une équation du deuxième degré le coefficient du carré de l'inconnue va en décroissant, une des valeurs de l'inconnue va en croissant numériquement ; et à la limite, lorsque le coefficient est nul, cette racine devient plus grande que toute quantité donnée.

Cette valeur infinie indique donc qu'une racine tend vers l'infini lorsque le coefficient de x^2 tend vers zéro.

Si A et C sont de mêmes signes, le dénominateur est négatif; car le radical dès qu'il a une valeur réelle est inférieur à B; par conséquent x_2 arrive à la limite numérique infinie par des valeurs ayant le signe de $-\frac{C}{B}$, c'est-à-dire, de la racine finie correspondante à $A=0$.

Si A et C sont de signes contraires, la valeur numérique du radical l'emporte toujours sur celle de B, et par conséquent x_2 arrive à la limite infinie par des valeurs ayant un signe contraire à $-\frac{C}{B}$, c'est-à-dire, un signe contraire à celui de la racine finie correspondante à l'hypothèse $A=0$.

Application de la résolution des équations du deuxième degré à quelques problèmes particuliers.

PROBLÈME I.

Trouver deux nombres x *et* y *tels que leur somme soit égale à* s *et leur produit à* p.

On aura :

$$x+y=s,$$
$$xy=p.$$

x et y sont donc les deux racines d'une équation du deuxième degré, dont $-s$ serait le coefficient de l'inconnue, et p la quantité toute connue. Appelons x une inconnue, on aura l'équation

$$x^2 - sx + p = 0.$$

L'une des racines sera x et l'autre y:

$$x_1 = x = \frac{s + \sqrt{s^2 - 4p}}{2}, \qquad x_2 = y = \frac{s - \sqrt{s^2 - 4p}}{2}.$$

Pour que le problème soit possible, il faut que

$$s^2 > 4p,$$

c'est-à-dire que le carré de la moitié de la somme soit plus grand que le produit donné.

Donc le plus grand produit que l'on peut faire avec deux facteurs dont la somme est constante, est égal au carré de la demi-somme de ces facteurs.

PROBLÈME II.

Trouver deux nombres x *et* y, *connaissant la somme de leurs carrés et leur produit.*

Posons

$$x^2 + y^2 = s,$$
$$xy = p.$$

On a:

$$y = \frac{p}{x}, \quad \text{d'où} \quad x^2 + \frac{p^2}{x^2} = s.$$

On a donc à résoudre l'équation

$$x^4 + p^2 = sx^2,$$

ou

$$x^4 - sx^2 + p^2 = 0.$$

Mais cette équation donnera aussi les valeurs de y; car les équations sont composées de la même manière en x et en y, et si l'on faisait les mêmes calculs sur y que sur x, on retomberait sur la même équation.

Il y aura donc deux valeurs pour x et deux valeurs pour y. Maintenant, pour savoir celles que l'on doit prendre ensemble, il faudra observer que si p est positif, x et y doivent avoir le même signe; si p est négatif, les deux valeurs sont de signes contraires.

Pour que le problème soit possible, il faut que

$$\frac{s^2}{4} - p^2 > 0,$$

c'est-à-dire, que la valeur de $\frac{s}{2}$ qui est toujours positive soit plus grande que la valeur numérique du produit.

Si on pose $s = 25, p = 12$, on a :

$$x^4 - 25x^2 + 144 = 0,$$

$$x = \pm\sqrt{\frac{25 \pm \sqrt{625 - 576}}{2}},$$

$$x = \pm\sqrt{\frac{25 \pm \sqrt{49}}{2}} = \pm\sqrt{\frac{25 \pm 7}{2}};$$

donc,

$$x = 4, \quad y = 3$$
$$x = -4, \quad y = -3.$$

On doit prendre x et y avec le même signe, puisque le produit doit être égal à 12.

PROBLÈME III.

Trouver deux nombres, connaissant la différence de leurs carrés et leur somme.

On a:

$$x^2 - y^2 = d,$$
$$x + y = s.$$

Divisant, on a:

$$x - y = \frac{d}{s},$$

d'où

$$x = \frac{s + \frac{d}{s}}{2} = \frac{s^2 + d}{2s},$$

$$y = \frac{s - \frac{d}{s}}{2} = \frac{s^2 - d}{2s}.$$

PROBLÈME IV.

Trouver deux nombres, connaissant la somme de leurs carrés et leur rapport.

On a:

$$x^2 + y^2 = s,$$
$$\frac{x}{y} = r;$$

d'où

$$x = r.y, \quad y^2(1 + r^2) = s,$$
$$y = \pm\sqrt{\frac{s}{1 + r^2}}.$$

Par suite,

$$x = \pm r\sqrt{\frac{s}{1 + r^2}}.$$

PROBLÈME V.

Trouver deux nombres, connaissant leur somme et la somme de leurs carrés.

On a:

$$x + y = s,$$
$$x^2 + y^2 = t.$$

En élevant la première au carré, on a:

$$x^2 + y^2 + 2xy = s^2;$$

d'où

$$xy = \frac{s^2 - t}{2}.$$

Donc x et y sont les deux racines de l'équation

$$x^2 - sx + \frac{s^2 - t}{2} = 0.$$

Par suite,

$$x = \frac{s + \sqrt{2t - s^2}}{2}, \quad y = \frac{s - \sqrt{2t - s^2}}{2}.$$

Pour que le problème soit possible, il faut que

$$2t < s^2,$$

c'est-à-dire que le double de la somme des carrés soit plus grand que le carré de la somme.

PROBLÈME VI.

Trouver sur la ligne droite qui joint deux foyers lumineux le point également éclairé par ces deux foyers.

La solution de cette question repose sur le principe suivant de physique :

L'intensité de la lumière varie en raison inverse du carré de la distance du foyer lumineux à l'objet éclairé.

On appelle intensité d'une lumière la quantité de lumière envoyée à l'unité de distance sur l'unité de surface.

Cela posé, appelons a et b les intensités des lumières, d leur distance, et x la distance du point cherché au foyer d'intensité a.

On devra avoir :

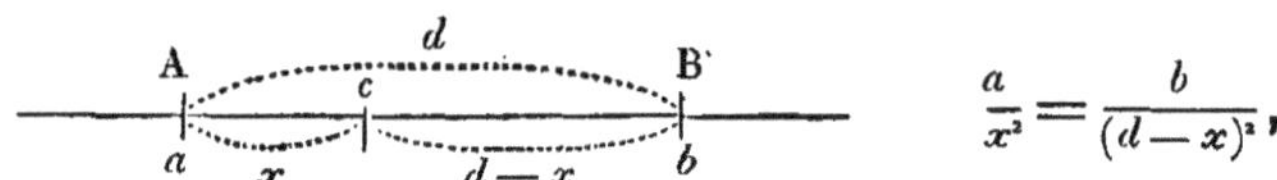

$$\frac{a}{x^2} = \frac{b}{(d-x)^2},$$

ou

$$\left(\frac{d-x}{x}\right)^2 = \frac{b}{a}.$$

Extrayant la racine carrée des deux membres, il vient :

$$\frac{d-x}{x} = \pm\sqrt{\frac{b}{a}},$$

d'où

$$x = \frac{d}{1 \pm \sqrt{\frac{b}{a}}}.$$

Par suite, on a les deux valeurs :

$$x_1 = \frac{d}{1+\sqrt{\frac{b}{a}}}, \quad x_2 = \frac{d}{1-\sqrt{\frac{b}{a}}}.$$

Discussion.

Il peut se présenter trois cas :

1° $\frac{b}{a} < 1$, ce qui donne $x_1 > \frac{d}{2}$. . . . . $x_2 > d > 0$.

2° $\frac{b}{a} = 1$. . . . . . $x_1 = \frac{d}{2}$. . . . . $x_2 = \infty$.

3° $\frac{b}{a} > 1$. . . . . . $x_1 < \frac{d}{2}$. . . . . $x_2 < 0$.

Dans la première hypothèse, le problème est susceptible de deux solutions. Il y a donc un point entre les deux lumières et un point au delà de la lumière qui éclaire le moins, qui reçoivent la même quantité de lumière des deux foyers lumineux.

Dans la deuxième hypothèse, il n'y a que le point situé au milieu, ce qui était évident *à priori.*

Enfin, dans le troisième cas, il y a encore deux solutions, dont l'une est négative. L'algèbre conduit donc à un résultat qui ne se comprend plus immédiatement. Pour expliquer cette particularité, examinons la mise en équation du problème.

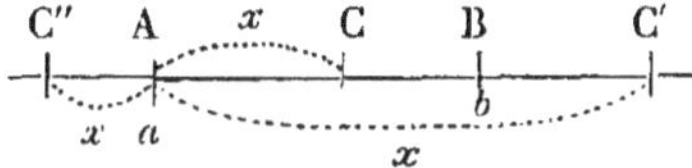

Le point également éclairé peut avoir une des trois positions:

C, C′, C″.

Donc, si on représente toujours par x la distance d'un de ces points à la lumière A, on aura les trois équations

$$(1)\quad \frac{a}{x^2} = \frac{b}{(d-x)^2}, \qquad (2)\quad \frac{a}{x^2} = \frac{b}{(x-d)^2}, \qquad (3)\quad \frac{a}{x^2} = \frac{b}{(d+x)^2}.$$

Les équations (1) et (2) étant les mêmes, il n'est donc pas étonnant que l'une d'elles conduise à deux solutions.

Quant à l'équation (3), elle ne diffère des précédentes qu'en ce que x est changé en $-x$; donc toute solution négative des premières, prise positivement, sera une racine de l'équation (3), et indiquera une solution située en avant du point A.

On voit que la valeur négative correspond à une distance portée en sens contraire de l'autre solution qui est positive.

PROBLÈME VII.

Trouver le rectangle maximum que l'on peut faire avec un périmètre donné; — ou, ce qui revient au même, trouver le produit maximum que l'on peut faire avec deux facteurs dont la somme est constante.

Soit x le premier côté, y le second, on aura, en désignant par s le demi-périmètre et par m la valeur maximum du produit,

$$x+y=s,$$
$$xy=m.$$

Donc, x et y sont les racines de l'équation.

$$x^2-sx+m=0,$$

$$x=\frac{s}{2}+\sqrt{\frac{s^2}{4}-m},\quad y=\frac{s}{2}-\sqrt{\frac{s^2}{4}-m}.$$

Or x et y doivent rester réels; donc la plus grande valeur que puisse avoir le produit est $\frac{s^2}{4}$; dans ce cas

$$x=y=\frac{s}{2}.$$

Donc le plus grand rectangle est le carré fait sur la demi-somme des côtés, ou le carré dont le côté est le quart du périmètre constant.

On aurait pu aussi faire

$$\left.\begin{array}{l} x=\frac{s}{2}+z \\ y=\frac{s}{2}+z \end{array}\right\} xy=\frac{s^2}{4}-z^2.$$

Or il est évident que le maximum de x, y correspondra à $z=0$. Donc, etc....

COROLLAIRE.

Il est facile de déduire de là que la valeur maximum d'un produit, composé d'un nombre quelconque de facteurs dont la somme est constante, correspond au cas où tous les facteurs sont égaux.

En effet, soit $x.y.z.$ etc..... $= m$ le produit maximum; $x+y+z+$ etc... $= s$; je dis que $x=y$; car si cela n'était pas, xy serait plus petit que $\left(\frac{x+y}{2}\right)^2$; donc le produit précédent serait plus petit que le produit

$$\left(\frac{x+y}{2}\right)\left(\frac{x+y}{2}\right)z \times \text{etc...}$$

dont la somme des facteurs est toujours s; c'est-à-dire que le produit primitif ne serait pas le produit maximum. Donc il faut que tous les facteurs soient égaux.

PROBLÈME VIII.

Trouver la valeur maximum que peut prendre la fraction

$$\frac{ax+b}{c+x^2}.$$

Pour résoudre cette question, posons:

$$\frac{ax+b}{c+x^2}=m, \quad \text{d'où} \quad ax+b=mc+mx^2,$$

$$mx^2-ax+mc-b=0,$$

$$x=\frac{a\pm\sqrt{a^2-4m(mc-b)}}{2m}.$$

Il reste maintenant à savoir quelle est la valeur la plus grande que l'on puisse donner à m, sans que la valeur de x devienne imaginaire. Or la quantité sous le radical est

$$a^2+4b.m-4c.m^2;$$

ce qui fait voir que si c est négatif, la quantité m pourra prendre une valeur infinie. Mais, dans le cas contraire, on ne peut plus faire augmenter indéfiniment la quantité m. Supposons, par exemple, $c=k^2$. Le trinôme précédent pourra s'écrire

$$a^2+\frac{b^2}{k^2}-\left(2km-\frac{b}{k}\right)^2,$$

Donc pour que la valeur de x soit réelle, il faut que

$$2km - \frac{b}{k} \gt \sqrt{a^2 + \frac{b^2}{k^2}},$$

d'où

$$m \gt \frac{b + \sqrt{a^2k^2 + b^2}}{2k^2}.$$

Par suite, la valeur maximum de m correspondra à cette expression. Il est clair qu'on ne parle ici que d'un maximum positif et absolu.

Exemple (1). Soit la fraction particulière

$$\frac{2x}{1 + x^2}.$$

$b = 0$, $a = 2$, $c = 1$. La valeur de x est alors

$$x = \frac{2 \pm \sqrt{4 - 4.m^2}}{2m} = \frac{1 \pm \sqrt{1 - m^2}}{m}.$$

La valeur maximum sera donc

$$m = 1, \quad \text{d'où} \quad x = 1.$$

Exemple (2). Soit la fraction

$$\frac{2x + 1}{1 + x^2}.$$

$a = 2$, $b = 1$, $c = 1$. La valeur de x est alors

$$x = \frac{2 \pm \sqrt{4 - 4m(m - 1)}}{2m} = \frac{1 \pm \sqrt{1 + 4m - 4m^2}}{2m}.$$

Or,

$$1 + 4m - 4m^2 = 2 - (2m - 1)^2.$$

Donc, la plus grande valeur de m est:

$$m = \frac{1 + \sqrt{2}}{2},$$

pour

$$x = \frac{1}{1 + \sqrt{2}} = \sqrt{2} - 1.$$

PROBLÈME IX.

Trouver la condition qui doit exister entre les coefficients de l'équation

$$x^2+px+q=0$$

pour que la différence entre les deux racines soit égale à un nombre donné a.

Les racines sont:

$$x_1=-\frac{p}{2}+\sqrt{\frac{p^2}{4}-q},\quad x_2=-\frac{p}{2}-\sqrt{\frac{p^2}{4}-q}.$$

La différence

$$x_1-x_2=2\sqrt{\frac{p^2}{4}-q}.$$

Il faut donc, et il suffit que

$$2\sqrt{\frac{p^2}{4}-q}=a,$$

ou, en élevant au carré,

$$p^2-4q=a^2.$$

PROBLÈME X.

Trouver la condition qui doit exister entre les coefficients de l'équation

$$x^2+px+q=0,$$

pour que le rapport des deux racines soit égal à celui des deux nombres m *et* n.

Si x_1 et x_2 sont les deux racines, on devra avoir

$$\frac{x_1}{x_2}=\frac{m}{n},$$

ou

$$\frac{-\frac{p}{2}+\sqrt{\frac{p^2}{4}-q}}{-\frac{p}{2}-\sqrt{\frac{p^2}{4}-q}}=\frac{m}{n}.$$

Chassant les dénominateurs, il vient

$$-n.\frac{p}{2}+n\sqrt{\frac{p^2}{4}-q}=-m.\frac{p}{2}-m\sqrt{\frac{p^2}{4}-q},$$

ou

$$(m-n)\frac{p}{2}=-(n+m).\sqrt{\frac{p^2}{4}-q}.$$

Élevant au carré,

$$(m-n)^2 \cdot \frac{p^2}{4} = (m+n)^2 \left(\frac{p^2}{4} - q\right)$$

ou

$$[(m+n)^2 - (m-n)^2] \frac{p^2}{4} - (m+n)^2 q = 0.$$

Ce qui donne, en réduisant,

$$mnp^2 - (m+n)^2 q = 0.$$

On pouvait aussi arriver à cette condition en remarquant que

$$x_1 \cdot x_2 = q.$$

Mais on doit avoir

$$\frac{x_1}{x_2} = \frac{m}{n}.$$

Donc, en multipliant,

$$x_1^2 = \frac{m}{n} \cdot q.$$

Par suite

$$x_1 = \pm \sqrt{\frac{m}{n} \cdot q}.$$

Cette quantité devra donc satisfaire à l'équation donnée; ce qui conduit, par la substitution, à la condition

$$\frac{m}{n} \cdot q \pm p\sqrt{\frac{m}{n} \cdot q} + q = 0,$$

ou

$$(m+n)q = \mp np\sqrt{\frac{m}{n} \cdot q}.$$

Et en élevant au carré, divisant par q et écrivant les deux termes dans le premier membre,

$$(m+n)^2 q - mnp^2 = 0.$$

Condition qui revient à celle que l'on a trouvée précédemment.

PROBLÈME XI.

Remplacer l'expression

$$\sqrt{A + \sqrt{B}}$$

par la somme de deux radicaux.

Soient x et y les quantités sous les deux radicaux, on devra avoir :

$$\sqrt{A+\sqrt{B}}=\sqrt{x}+\sqrt{y},$$

ou, en élevant au carré,

$$A+\sqrt{B}=x+y+2\sqrt{x.y}.$$

Or, on satisfera à cette égalité en posant :

$$A=x+y,\quad \sqrt{B}=2\sqrt{xy},\quad \text{ou}\quad B=4xy.$$

x et y seront alors les deux racines de l'équation

$$x^2-Ax+\frac{B}{4}=0;$$

ce qui donne

$$x=\frac{A+\sqrt{A^2-B}}{2},\quad y=\frac{A-\sqrt{A^2-B}}{2},$$

et par suite

$$\sqrt{A+\sqrt{B}}=\sqrt{\frac{A+\sqrt{A^2-B}}{2}}+\sqrt{\frac{A-\sqrt{A^2-B}}{2}}.$$

Cette transformation pourra donc toujours se faire; mais, sous le point de vue du calcul numérique, elle est généralement peu avantageuse. Elle ne le serait que dans le cas particulier où A et B, étant des quantités commensurables, A^2-B serait un carré parfait; car alors le double radical serait remplacé par la somme de deux radicaux simples. Ainsi, en posant $A^2-B=K^2$, on aurait pour ce cas particulier :

$$\sqrt{A+\sqrt{B}}=\sqrt{\frac{A+K}{2}}+\sqrt{\frac{A-K}{2}}.$$

La condition $A^2-B=K^2$ est suffisante pour que la transformation conduise à un résultat plus simple; mais il est facile de voir qu'elle est nécessaire.

En effet, reprenons l'équation

$$A+\sqrt{B}=x+y+2\sqrt{x.y}.$$

Si x et y doivent être des nombres rationnels, il faut *nécessairement* que

$$A=x+y,\quad \text{et}\quad \sqrt{B}=2\sqrt{x.y}.$$

Car, dans ce cas, xy ne peut être un carré parfait; et si l'on fait passer $x+y$ dans le premier membre, il vient

$$A-(x+y)+\sqrt{B}=\sqrt{2xy},$$

d'où, en élevant, on aura

$$[A-(x+y)]^2+2[A-(x+y)]\sqrt{B}+B=4xy.$$

Or, cette égalité ne peut subsister qu'autant que la quantité irrationnelle $\sqrt{B}$ disparaît du premier membre, ce qui exige que

$$A=x+y,$$

et par suite

$$B=4xy, \quad \text{ou} \quad \sqrt{B}=2\sqrt{xy}.$$

REMARQUE.

Dans ce qui précède, on a supposé les signes des radicaux en évidence; il serait facile, par des considérations analogues, d'arriver aux expressions correspondantes au radical

$$\sqrt{A+\sqrt{B}},$$

en supposant que les radicaux comportent le double signe + ou —.

PROBLÈME XII.

Trois des cinq quantités a, l, n, r, s *étant données, déterminer les deux autres, sachant que*

a	est le premier terme	
l	le dernier terme	
n	le nombre des termes	d'une progression arithmétique.
r	la raison	
s	la somme des termes	

Il peut se présenter plusieurs cas que nous allons examiner, mais qui se résolvent tous au moyen des deux formules suivantes données par l'arithmétique :

$$l=a+(n-1)r, \quad s=\frac{(a+l)n}{2}.$$

Le tableau suivant indique les solutions de chaque cas.

DONNÉES.	INCONNUES.	VALEURS DES INCONNUES.	
a, r, n	s, l	(1) $l = a + (n-1)r$,	$s = \frac{[2a + (n-1)r]n}{2}$.
l, r, n	s, a	(2) $a = l - (n-1)r$,	$s = \frac{[2l - (n-1)r]n}{2}$.
a, r, l	s, n	(3) $n = 1 + \frac{l-a}{r}$,	$s = \frac{(a+l)(r+l-a)}{2r}$.
a, l, n	s, r	(4) $r = \frac{l-a}{n-1}$,	$s = \frac{(a+l)n}{2}$.
a, s, r	l, n	(5) $n = \frac{r - 2a + \sqrt{(r-2a)^2 + 8rs}}{2r}$,	$l = \frac{-r + \sqrt{(r-2a)^2 + 8rs}}{2}$.
a, s, n	l, r	(6) $l = \frac{2s}{n} - a$,	$r = \frac{2(s - na)}{n(n-1)}$.
s, n, r	l, a	(7) $a = \frac{s}{n} - \frac{(n-1)r}{2}$,	$l = \frac{s}{n} + \frac{(n-1)r}{2}$.
s, a, l	n, r	(8) $n = \frac{2s}{a+l}$,	$r = \frac{(l^2 - a^2)}{2s - a - l}$.
s, l, r	n, a	(9) $n = \frac{2l + r \pm \sqrt{(2l+r)^2 - 8rs}}{2r}$,	$a = \frac{r \mp \sqrt{(2l+r)^2 - 8rs}}{2}$.
s, l, n	r, a	(10) $a = \frac{2s}{n} - l$,	$r = \frac{2(ln - s)}{n(n-1)}$.

Il n'y a que les cas (5) et (9) qui exigent la résolution d'équations du deuxième degré. Examinons-les en particulier.

(5) a, s, r, étant connus, déterminer l et n.

On a

$$l = a + (n-1)r, \quad \text{d'où} \quad s = \frac{[2n + (n-1)r]n}{2},$$

ce qui donne

$$2s = 2an + (n-1)nr, \quad r \cdot n^2 + (2a - r)n - 2s = 0.$$

Cette équation a ses deux racines réelles, l'une positive, l'autre négative. Or n devant être entier et positif, on ne devra prendre que la solution positive, et encore devra-t-elle être entière pour que le problème soit possible.

On aura donc :

$$n = \frac{r - 2a + \sqrt{(r-2a)^2 + 8rs}}{2r}.$$

La valeur de n étant connue, on aura par substitution

$$l = \frac{-r + \sqrt{(r-2a)^2 + 8rs}}{2}.$$

(9) s, l, r étant connus, déterminer n et a.

On a

$$a = l - (n-1)r, \quad \text{d'où} \quad s = \frac{[2l - (n-1)r]n}{2},$$

ce qui donne :

$$2s = 2l.n - (n-1)n.r, \quad rn^2 - (2l+r)n + 2s = 0.$$

Pour que le problème soit possible, il faut que l'équation ait d'abord ses racines réelles ; cette condition satisfaite, elles ne pourront répondre à la question qu'autant qu'elles seront entières et positives.

On tire

$$n = \frac{2l + r \pm \sqrt{(2l+r)^2 - 8rs}}{2r},$$

par suite

$$a = \frac{r \mp \sqrt{(2l+r)^2 - 8rs}}{2}.$$

Le problème peut avoir deux solutions.

Exemple : $r = 1$, $s = 50$, $l = 12$.

$$n = \frac{25 \pm \sqrt{(25)^2 - 400}}{2} = \frac{24 \pm \sqrt{225}}{2} = \frac{25 \pm 15}{2},$$

d'où

$$n_1 = 20, \quad n_2 = 5,$$
$$a_1 = -7, \quad a_2 = 8.$$

PROBLÈME XIII.

Trois des cinq quantités a, l, n, q, s, *ayant les mêmes significations que dans le problème précédent relativement à une progression géométrique, étant données, déterminer les deux autres.*

Ce problème présente aussi dix cas distincts, dont les solutions se tirent des deux relations suivantes trouvées en arithmétique :

$$l = a.q^{n-1}, \quad s = \frac{lq-a}{q-1}.$$

Le tableau suivant indique les solutions respectives de ces différents cas.

DONNÉES.	INCONNUES.		VALEURS DES INCONNUES.	
a, q, n	s, l	(1)	$l = aq^{n-1}$,	$s = \frac{a(q^n - 1)}{q-1}$.
l, q, n	s, a	(2)	$a = \frac{l}{q^{n-1}}$,	$s = \frac{l(q^n - 1)}{q^n - q^{n-1}}$.
a, q, l	s, n	(3)	$s = \frac{lq-a}{q-1}$,	$q^{n-1} = \frac{l}{a}$.
a, l, n	s, q	(4)	$q = \sqrt[n-1]{\frac{l}{a}}$,	$s = \frac{l\sqrt[n-1]{l} - a\sqrt[n-1]{a}}{\sqrt[n-1]{l} - \sqrt[n-1]{a}}$.
a, s, q	l, n	(5)	$l = \frac{s(q-1)+a}{q}$,	$q^{n-1} = \frac{s(q-1)+a}{aq}$.
a, s, n	l, q	(6)	$q^n - \frac{s}{a}.q + \frac{s}{a} - 1 = 0$,	$l(s-l)^{n-1} = a(s-a)^{n-1}$.
s, n, q	l, a	(7)	$a = \frac{s(q-1)}{q^{n-1}-1}$,	$l = \frac{sq^{n-1}(q-1)}{q^n - 1}$.
s, a, l	n, q	(8)	$q = \frac{s-a}{s-l}$,	$\left(\frac{s-a}{s-l}\right)^{n-1} = \frac{l}{a}$.
s, l, q	n, a	(9)	$a = lq - (q-1)s$,	$q^{n-1} = \frac{l}{lq-(q-1)s}$.
s, l, n	q, a	(10)	$q^n\left(1 - \frac{s}{l}\right) + \frac{s}{l}q^{n-1} - 1 = 0$,	$a.(s-a)^{n-1} = l(s-l)^{n-1}$.

On voit, d'après cela, que l'inconnue n est toujours donnée par une équation dans laquelle cette quantité est en exposant; il sera facile de reconnaître dans chaque cas particulier si le problème est possible, en se rappelant que n est un nombre entier et positif. Il suffira de faire successivement $n = 1, 2, 3$, *etc*.....

Dans les cas (6) et (10), il faudrait pouvoir résoudre des équations d'un degré supérieur généralement au second.

PROBLÈME XIV.

Trouver la somme des puissances semblables des termes d'une progression arithmétique, connaissant le premier terme, le dernier, la raison et le nombre des termes.

Soit la progression :

$$\div a.b.c.d.e.f.g.\text{etc}\ldots k.l.$$

Posons

$$\begin{aligned}
s_0 &= a^0 + b^0 + c^0 + \text{etc}\ldots + l^0,\\
s_1 &= a + b + c + \text{etc}\ldots + l,\\
s_2 &= a^2 + b^2 + c^2 + \text{etc}\ldots + l^2,\\
&\vdots\\
s_p &= a^p + b^p + c^p + \text{etc}\ldots + l^p.
\end{aligned}$$

Il s'agit de déterminer une de ces sommes, s_p par exemple. Pour cela, appelons r la raison; on aura successivement :

$$\begin{aligned}
b &= a+r, \text{ d'où } b^{p+1} = (a+r)^{p+1} = a^{p+1} + (p+1)r.a^p + \frac{(p+1).p}{1.2}.r^2.a^{p+1} + \text{etc}\ldots\\
c &= b+r, \quad c^{p+1} = (b+r)^{p+1} = b^{p+1} + (p+1)r.b^p + \frac{(p+1).p}{1.2}.r^2.b^{p+1} + \text{etc}\ldots\\
&\vdots\\
l &= k+r, \quad l^{p+1} = (k+r)^{p+1} = k^{p+1} + (p+1)r.k^p + \frac{(p+1).p}{1.2}.r^2.k^{p-1} + \text{etc}\ldots
\end{aligned}$$

$$\text{Ajoutant il vient } l^{p+1} = a^{p+1} + (p+1)r(s_p - l^p) + \frac{(p+1).p}{1.2}.r^2(s_{p-1} - l^{p-1}) + \text{etc}\ldots$$

d'où on tire :

$$s_p = \frac{l^{p+1} - a^{p+1}}{(p+1)r} + l^p - \frac{p.r}{1.2}(s_{p-1} - l^{p-1}) - \frac{p(p-1)r^2}{1.2.3}.(s_{p-2} - l^{p-2}) - \text{etc.}$$

Si dans cette formule on fait successivement $p = 0, 1, 2, 3, 4$, *etc*..., on déterminera les sommes s_0, s_1, s_2, s_3.....

Appliquons cette formule dans le cas particulier où il s'agit des nombres entiers consécutifs commençant par 1. On a dans ce cas :

$$a=1, \qquad l=n, \qquad r=1.$$

La formule devient alors

$$s_p=\frac{n^{p+1}-1}{p+1}+n^p-\frac{p}{2}(s_{p-1}-n^{p-1})-\frac{p(p-1)}{2.3}(s_{p-2}-n^{p-2})-\text{etc...}$$

Faisant successivement $p=0,\ 1,\ 2,\ 3$, on a

1° $p=0\ldots s_0=n-1+1=n.$

2° $p=1\ldots s_1=\frac{n^2-1}{2}+n-\frac{n-1}{2}=\frac{n(n+1)}{2}.$

3° $p=2\ldots s_2=\frac{n^3-1}{3}+n^2-\left(\frac{n(n+1)}{2}-n\right)-\frac{n-1}{3}=\frac{n^3-1}{3}-\frac{n-1}{3}+\frac{n(n+1)}{2}.$

$$=\frac{n-1}{3}.(n^2+n)+\frac{n(n+1)}{2}=\frac{n(n+1)(2n+1)}{2.3}.$$

etc.....

REMARQUE I.

Cette formule donne le nombre de boulets contenus dans une pile à base carrée, dont les tranches successives contiennent dans leur côté un boulet de moins jusqu'au sommet, qui est formé par un boulet.

On peut en déduire la formule qui donne le nombre de boulets contenus dans une pile oblongue, c'est-à-dire, ayant pour base un rectangle, et dont chaque tranche est formée d'un rectangle dont les côtés contiennent chacun un boulet de moins que les côtés correspondants de la tranche immédiatement au-dessous.

Soit n le nombre de boulets contenus dans le petit côté, $n+p$ le nombre de boulets qui forment le grand côté : il y aura n tranches.

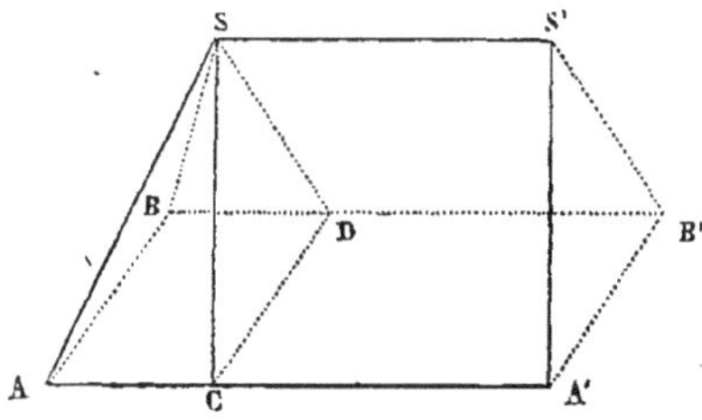

Si on représente la pile par SAB S'A'B', il y aura $p+1$ boulets de S en S'. Or, si on mène un plan SDC parallèle à S'A'B', on partagera la pile en deux autres, l'une à base carrée SABCD, l'autre prismatique SDC S'A'B'. La première contiendra, d'après ce que nous avons vu, un nombre de boulets marqué par

$$\frac{n(n+1)(2n+1)}{2.3}.$$

La seconde se composera de p tranches contenant toutes autant de boulets que S'A'B' ou SAB, c'est-à-dire, $\frac{n(n+1)}{2}$. Donc la seconde pile contiendra un nombre de boulets marqué par

$$\frac{n(n+1)}{2}.p.$$

Par suite, la pile oblongue contiendra un nombre de boulets égal à

$$\frac{n(n+1)}{2}\left(\frac{n+p}{3}+\frac{n+p}{3}+\frac{p+1}{3}\right).$$

Ce qui conduit à cette règle : Pour estimer le nombre de boulets d'une pile oblongue, prenez le nombre de boulets d'une de ses petites faces, et multipliez-le par la moyenne arithmétique entre les nombres de boulets contenus dans les trois arêtes parallèles.

REMARQUE II.

La somme des carrés des nombres naturels permet aussi de calculer le nombre de boulets contenus dans une pile triangulaire formée comme les précédentes.

Soit n le nombre de boulets contenus dans le côté de la base qui est un triangle équilatéral, la première tranche contiendra un nombre de boulets marqué par $\frac{n(n+1)}{2}$, la deuxième $\frac{n(n-1)}{2}$, la troisième $\frac{(n-1)(n-2)}{2}$..., l'avant-dernière $\frac{3.2}{2}$, la dernière 1. Le nombre total des boulets sera donc

$$N = 1 + \frac{2.3}{2} + \frac{3.4}{2} + \frac{4.5}{2} + \ldots + \frac{n(n-1)}{2} + \frac{n(n+1)}{2},$$

$$= \frac{1}{2}[2 + 2.3 + 3.4 + 4.5 + \ldots + (n-1)n + n(n+1)].$$

Or, $2 = 1 + 1$, $3 = 2 + 1$, $4 = 3 + 1\ldots$ On pourra donc écrire

$$N = \frac{1}{2}\{1+1+2(2+1)+3(3+1)\ldots+(n-1)[(n-1)+1]+n(n+1)\}$$

$$= \frac{1}{2}(1+2^2+3^2+\ldots+n^2)+\frac{1}{2}(1+2+3+\ldots+n)$$

$$= \frac{n(n+1)(2n+1)}{3.4} + \frac{n(n+1)}{4} = \frac{n(n+1)}{3.4}(2n+4)$$

$$= \frac{n(n+1)(n+2)}{2.3}.$$

On pouvait aussi arriver directement à cette expression en remarquant que l'on a les égalités successives :

$$1 + \frac{2.3}{2} = \frac{2.3}{2.3} + \frac{2.3.3}{2.3} = \frac{2.3.4}{2.3},$$

$$1 + \frac{2.3}{2} + \frac{3.4}{2} = \frac{2.3.4}{2.3} + \frac{3.4.3}{2.3} = \frac{3.4.5}{2.3},$$

$$1 + \frac{2.3}{2} + \frac{3.4}{2} + \frac{4.5}{2} = \frac{3.4.5}{2.3} + \frac{4.5.3}{2.3} = \frac{4.5.6}{2.3};$$

et ainsi de suite. On voit donc que la somme des termes est égale au produit de trois nombres consécutifs commençant par le nombre des termes divisé par le produit 2.3. Par suite, le nombre cherché sera

$$\frac{n(n+1)(n+2)}{2.3},$$

puisqu'il y a n termes.

Cette méthode est générale pour toutes les séries de ce genre, comme on l'a vu précédemment.

PROBLÈME XV.

Trouver la somme des puissances semblables des termes d'une progression géométrique.

Il suffit de remarquer ici que les puissances sont encore en progression géométrique dont la raison est égale à la raison de la progression primitive élevée à la même puissance que les termes.

Ainsi, pour la progression

$$\dot{\dot{\div}}\, a : b : c : d : e : f : \text{etc.} \ldots : l,$$

$$s_1 = \frac{lq - a}{q - 1},$$

$$s_p = \frac{l^p q^p - a^p}{q^p - 1}.$$

III.

De l'analyse indéterminée.

Nous avons vu précédemment que si le nombre des inconnues surpassait le nombre des équations données, on pouvait prendre arbitrairement autant d'inconnues qu'il y avait d'équations de moins. Nous allons nous proposer de chercher à résoudre des équations, avec la condition que les valeurs des inconnues soient des nombres entiers ou rationnels.

Lorsque les équations données sont du premier degré, les valeurs des inconnues sont toujours rationnelles; il n'y a donc lieu de chercher qu'à les résoudre en nombres entiers. — Il est bien entendu que l'on ne considère que les équations à coefficients rationnels.

Occupons-nous donc des différents cas qui peuvent se présenter dans les équations du premier degré.

PROBLÈME I.

Résolution des équations du premier degré à deux inconnues en nombres entiers.

Résoudre en nombres entiers l'équation $ax + by = c$, a, b, c *étant des nombres entiers, ce que l'on peut toujours supposer.*

Pour résoudre cette question, nous remarquerons que:

1° Pour que le problème soit possible, il faut que les facteurs communs de a et de b entrent dans c; car x et y étant entiers, tout diviseur commun à a et à b divisera $ax + by$ ou c.

Il suit de là que l'on pourra simplifier l'équation en divisant les trois coefficients par le plus grand commun diviseur entre a et b; si c n'était pas divisible par ce plus grand commun diviseur, il n'y aurait pas lieu de chercher à résoudre la question.

2° Les coefficients des inconnues étant premiers entre eux, il peut se faire qu'il existe encore des facteurs communs entre l'un d'eux et la quantité toute connue. Dans cette hypothèse, le problème sera encore susceptible de simplification; car si a et c ont un facteur commun f, il devra diviser by, et par suite y, puisque a et b sont supposés premiers entre eux; les valeurs de l'inconnue y doivent donc être des multiples du facteur qui n'entre pas dans son coefficient. Si on pose alors $y=fy'$, $a=fa'$, $c=fc'$, l'équation devient:

$$fa'.x+bf.y'=fc' \quad \text{ou} \quad a'x+by'=c'.$$

S'il existait un diviseur commun entre b et c', on raisonnerait de la même manière, et la valeur de x devrait être un multiple de ce facteur.

3° Les réductions précédentes étant faites, ce qui a l'avantage de simplifier les calculs, si l'on considère une équation

$$ax+by=c,$$

dans laquelle a et b soient premiers entre eux, il est aisé de voir que le problème sera toujours possible, et d'arriver à la solution de la question. En effet, soit $a < b$, résolvons par rapport à x, on aura

$$x=\frac{c-by}{a}.$$

Effectuons la division de b par a, et posons

$$b=aq+r.$$

En remplaçant, on a

$$x=\frac{c-(aq+r)y}{a}=-qy+\frac{c-ry}{a}.$$

Par suite il faut et il suffit que $\frac{c-ry}{a}$ soit un nombre entier; si donc on pose cette quantité égale à un nombre entier t, on aura à résoudre en nombre entier l'équation

$$ry+at=c.$$

Or si on raisonne sur cette équation comme sur l'équation donnée, on ramènera sa résolution à celle d'une autre équation

$$r't+rt'=c,$$

dans laquelle r' représentera le reste de la division de a par r, et t' une autre quantité indéterminée entière. En continuant ainsi de suite on finira par trouver une équation dans laquelle le coefficient d'une des inconnues sera l'unité, puisque ces coefficients ne sont autres que les restes successifs que l'on obtient en cherchant le plus grand commun diviseur entre les deux nombres a et b, qui sont premiers entre eux ; il suffira alors de donner à l'inconnue, qui n'a pas pour coefficient l'unité, une valeur entière quelconque, positive ou négative, et l'on en déduira une valeur entière pour l'autre inconnue, et en remontant d'équation en équation on déterminera les valeurs de x et de y que l'on se proposait de déterminer.

Supposons que l'on arrive, après quatre opérations, à l'équation ayant pour l'un de ses coefficients l'unité, les calculs se présenteront comme il suit :

$$ax+by=c,\quad x=\frac{c-by}{a}=-qy+\frac{c-ry}{a}=-qy+t,\quad t=\frac{c-ry}{a},\quad b=aq+r.$$
$$ry+at=c,\quad y=\frac{c-at}{r}=-q't+\frac{c-r't}{r}=-q't+t',\quad t'=\frac{c-r't}{r},\quad a=rq'+r'.$$
$$r't+rt'=c,\quad t=\frac{c-rt'}{r'}=-q''t'+\frac{c-r''t'}{r'}=-q''t'+t'',\quad t''=\frac{c-r''t'}{r'},\quad r=r'q''+r''.$$
$$r''t'+r't''=c,\quad t'=\frac{c-r't''}{r''}=-q''t''+\frac{c-t''}{r''}=-q'''t''+t''',\quad t'''=\frac{c-t''}{r''},\quad r'=r''q'''+1.$$
$$t''+r''t'''=c.$$

Il est facile d'exprimer les valeurs de x et de y en fonction de la dernière inconnue t''', à laquelle on peut donner une valeur entière quelconque ; il suffit de remplacer successivement dans les valeurs de t', t, y, x, t'' par sa valeur ; ce qui donne :

$$t''=c-r''t'''$$
$$t'=-(c-r''t''')q'''+t'''=-c.q'''+(q'''r''+1)t'''=-cq'''+r't''',$$
$$t=-(-cq'''+r't''')q''+t''=c(q''q'''+1)-(r'q''+r'')t'''=c(q''q'''+1)-rt''',$$
$$y=-[c(q''q'''+1)-rt''']q'+t'=-c(q'q''q'''+q'''+q')+(rq'+r')t'''=-c(q'q''q'''+q'''+q')+at''$$
$$x=-[-c(q'q''q'''+q'''+q')+at''']q+t=c(qq'q''q'''+qq'''+qq'+q''q'''+1)-bt'''.$$

Si on représente par A et B, les valeurs de x et de y correspondantes à $t'''=0$, on aura

$$x = A - bt''', \quad A = c(qq'q''q''' + qq''' + qq''q' + q''' + 1),$$
$$y = B + at''', \quad B = -c(q'q''q''' + q''' + q'),$$

ce qui montre que si l'on donne à t''' des valeurs o, 1, 2, 3, etc..., les valeurs des inconnues seront les termes de progressions arithmétiques dont les raisons seraient $-b$ et a, ou b et $-a$, si l'on donne à t''' les valeurs négatives $-1, -2, -3$, etc...

REMARQUE I.

Les valeurs de x et de y sont données par des formules très-remarquables, dans lesquelles A et B représentent deux valeurs correspondantes à $t''' = 0$; mais il est clair que A et B peuvent être aussi bien deux valeurs quelconques, l'une de x, l'autre de y, satisfaisant à l'équation proposée; car si on pose :

$$t''' = n + t_1''',$$

on a $x = (A - bn) - bt_1'''$, $y = (B + an) + at_1'''$, formules analogues aux précédentes et dans lesquelles les parties indépendantes de t_1''' représentent un système quelconque de valeurs convenables.

Il suit de là que si l'on connaissait un système de valeurs convenables, on pourrait facilement en déduire toutes les autres.

Il était facile d'établir ce fait *à priori*. En effet, supposons que l'on donne un système convenable $x = A$, $y = B$, c'est-à-dire, tel que

$$a.A + b.B = c,$$

A et B étant entiers; en retranchant cette égalité de l'équation donnée, il vient :

$$a(x - A) + b(y - B) = 0, \quad \text{d'où} \quad \frac{x - A}{y - B} = -\frac{b}{a};$$

et comme b et a sont premiers entre eux, il faut que les deux termes de la fraction qui forme le premier membre soient les mêmes multiples des termes de la fraction qui forme le second membre, ce qui donne

$$x - A = - b.m,$$
$$y - B = a.m,$$

m étant un nombre entier positif ou négatif.

D'où

$$x = A - b.m,$$
$$y = B + a.m;$$

donc, etc...

REMARQUE II.

On a vu que

$$x = A = c(q.q'.q''.q''' + q.q''' + q.q' + q''.q''' + 1),$$
$$y = B = - c(q'.q''.q''' + q''' + q'),$$

formaient un système convenable. On doit donc avoir :

$$a.(q.q'.q''.q''' + q.q''' + q.q' + q''.q''' + 1) - b(q'.q''.q''' + q''' + q') = 1.$$

Or il suit des opérations faites sur b et a que

$$\frac{b}{a} = q + \cfrac{1}{q' + \cfrac{1}{q'' + \cfrac{1}{q''' + \cfrac{1}{r''}}}} \quad \text{mais } q + \cfrac{1}{q' + \cfrac{1}{q'' + \cfrac{1}{q'''}}} = \frac{q.q'.q''.q''' + q.q''' + q.q' + q''.q''' + 1}{q'.q''.q''' + q''' + q'}.$$

Donc les valeurs numériques de A et de B sont respectivement égales aux termes de l'avant-dernière réduite de la fraction $\frac{b}{a}$ développée en fraction continue multipliée par la quantité toute connue c.

Réciproquement en développant $\frac{b}{a}$ en fraction continue, on pourra, au moyen de l'avant-dernière réduite, se procurer une solution.

Il est aisé de faire voir cette proposition indépendamment de la résolution précédente ; car si on représente par $\frac{M}{N}$ l'avant-dernière réduite de la fraction $\frac{b}{a}$ développée en fraction continue, on aura

$$\frac{b}{a} - \frac{M}{N} = \pm \frac{1}{aN}. \quad (*)$$

(*) Voir les *Leçons d'arithmétique* du même auteur.

Supposons que ce soit le signe — qui corresponde au cas que l'on considère, on aura

$$a.M - b.N = 1;$$

d'où, en multipliant par c,

$$a.(c.M) + b(-c.N) = c.$$

Donc, cM et $-cN$ forment un système de valeurs convenables.

REMARQUE III.

On peut aussi déterminer une solution ou un système de valeurs de x et de y entières, satisfaisant à l'équation donnée, en essayant, pour l'une des inconnues, tous les nombres entiers inférieurs au coefficient de l'autre.

Ainsi, dans l'équation

$$ax + by = c,$$

en donnant à y les valeurs 0, 1, 2, 3... $a - 1$, on devra trouver, pour l'une d'elles, une valeur entière de x.

En effet, on a

$$x = \frac{c - by}{a}.$$

Si l'on donne à y les valeurs précédentes, tous les restes seront différents; car en les supposant égaux pour deux valeurs y' et y'', on aurait:

$$\frac{c - by'}{a} = q + \frac{r}{a}, \quad \frac{c - by''}{a} = q' + \frac{r}{a}; \quad \text{d'où} \quad \frac{b(y'' - y')}{a} = q - q'.$$

Or, a étant premier avec b, il faudrait que a divisât $y'' - y'$, ou la différence entre deux quantités plus petites que a, ce qui est absurde. Donc, puisque tous les restes sont différents et que l'on substitue a nombres, il faut que, parmi ces restes, se trouve le reste zéro.

Cette méthode est assez rapide lorsque l'un des coefficients est un petit nombre.

REMARQUE IV.

Les valeurs des inconnues pouvant toujours se mettre sous la forme

$$x = A - bm,$$
$$y = B + am,$$

on peut se proposer de chercher les solutions positives de l'équation

$$ax + by = c,$$

dans laquelle la quantité c peut toujours être considérée comme positive : cela posé, il peut se présenter plusieurs cas pour les signes des coefficients des inconnues.

1° Si a et b sont de mêmes signes, il faut, pour que le problème soit possible, qu'ils soient tous deux positifs, et de plus que l'on puisse trouver des valeurs de m qui satisfassent aux deux conditions

$$A - bm > 0 \qquad m < \frac{A}{b},$$

ou

$$B + am > 0 \qquad m > -\frac{B}{a}.$$

Ce qui fait voir que si le problème est possible, le nombre des solutions sera toujours limité, puisque m ne pourra recevoir que les valeurs entières comprises entre $-\frac{B}{a}$ et $\frac{A}{b}$, en y comprenant ces limites si elles sont entières. On aura donc le plus grand nombre de solutions en supposant les limites entières. Or le nombre des nombres entiers compris entre deux nombres entiers donnés est égal à leur différence diminuée de l'unité ; et comme pour les solutions on peut prendre les deux limites, le nombre des solutions positives sera égal à cette différence augmentée de l'unité au plus, c'est-à-dire,

$$\frac{A}{b} + \frac{B}{a} + 1 = \frac{Aa + Bb}{ab} + 1 = \frac{c}{ab} + 1.$$

Donc en divisant la quantité toute connue par le produit des coefficients et augmentant le quotient d'une unité, on aura le plus grand nombre de solutions positives que le problème puisse avoir.

Le cas le plus défavorable serait celui où les deux limites ne pourraient être entières. Supposons par exemple que

$$\frac{A}{b}=q+\frac{r}{b},$$

$$-\frac{B}{a}=q'+\frac{r'}{a}.$$

On pourra prendre pour m toutes les valeurs depuis q' exclusivement jusqu'à q inclusivement; c'est-à-dire qu'il y aura $q-q'$ solutions au moins. Or, si on retranche les deux expressions précédentes, il vient:

$$\frac{A}{b}+\frac{B}{a}=\frac{Aa+B.b}{ab}=\frac{c}{ab}=q-q'+\frac{r}{b}-\frac{r'}{a}.$$

$q-q'$ sera donc au moins égal à la partie entière du quotient $\frac{c}{ab}$.

Donc il y aura au *moins* autant de solutions positives qu'il y a d'unités dans le quotient en *moins* du terme tout connu par le produit du coefficient, et au *plus* autant de solutions qu'il y a d'unités dans le quotient en *plus*.

2° Si a et b sont de signes contraires, il est clair qu'il y a une infinité de solutions; car si on suppose le signe du coefficient de y en évidence, l'équation prend la forme

$$ax-by=c, \quad \text{d'où} \quad x=A+bm,$$
$$y=B+am.$$

Il suffira donc que m soit plus grand que la plus grande des deux quantités $-\frac{B}{a}$, $\frac{A}{b}$.

PROBLÈME II.

Résoudre en nombres entiers l'équation

$$ax+by+cz+du+\text{etc}\ldots=n,$$

21.

a, b, c, etc..., étant des nombres entiers, x, y, z, u, etc., désignant les inconnues. D'abord s'il existe un facteur commun aux coefficients, il faudra qu'il divise n, sans quoi le problème serait impossible. Supposons donc que cette particularité ne se présente pas; il pourra se présenter deux cas:

1° Si dans l'équation il se trouve deux coefficients premiers entre eux, a et b par exemple, on pourra écrire l'équation sous la forme:

$$ax + by = n - cz - du, \text{ etc...}$$

et en donnant à z, u, etc..., des valeurs entières quelconques, on ramènera la question au problème précédent.

2° Si dans l'équation proposée il ne se trouve pas de coefficients premiers entre eux, en mettant l'équation sous la forme précédente il faudra, en appelant f le facteur commun à a et b, que les valeurs des autres inconnues soient déterminées de manière que le deuxième membre admette aussi ce facteur. On posera donc:

$$n - cz - du - \ldots \text{etc} \ldots = ft,$$

ce qui conduit à résoudre l'équation

$$ft + cz + du \ldots \text{etc} \ldots = n.$$

Or, dans cette nouvelle équation, f doit être premier au moins avec un des autres coefficients c, d, etc...; car sans cela il y aurait un facteur commun à tous les coefficients a, b, c, etc..., ce qui est contre l'hypothèse. On la résoudra alors comme on l'a montré plus haut: ayant la formule des valeurs de t, on résoudra l'équation

$$a'x + b'y = t,$$

a' et b' représentant les quotients de a et b par f.

PROBLÈME III.

Résoudre deux équations à trois inconnues en nombres entiers.

Prenons les deux équations

$$ax + by + cz = d,$$
$$a'x + b'y + c'z = d',$$

et éliminons l'une des inconnues, x par exemple ; on pourra remplacer les deux équations par le système suivant :

$$ax + by + cz = d,$$
$$(ab' - ba')y + (ac' - ca')z = ad' - da'.$$

On résoudra la deuxième de ces équations, si cela est possible, en nombres entiers ; on aura alors :

$$y = \text{B} - \text{M}t,$$
$$z = \text{C} + \text{N}t,$$

M et N représentant les coefficients de z et de y, B et C un système de solutions; portant les valeurs dans la première équation, on aura une équation entre x et t que l'on résoudra aisément.

REMARQUE I.

Si les coefficients a et a' sont premiers entre eux, on peut facilement trouver la valeur de x. En effet, l'équation en z et y revient à :

$$\frac{a}{a'} = \frac{d - by - cz}{d' - b'y - c'z},$$

à laquelle on parvient en éliminant x par division. Or, a et a' étant premiers entre eux, les deux termes du deuxième membre devront être les mêmes multiples de ces deux nombres. Le quotient de l'un des termes par le nombre correspondant sera la valeur de x qui pourra toujours se déterminer. Si a et a' n'étaient pas premiers entre eux, il pourrait arriver que le problème fût impossible.

Si l'on substitue alors les valeurs de y et de z trouvées plus haut dans la première équation donnée de manière à déterminer x, on a :

$$x = \frac{d - b\text{B} - c\text{C}}{a} + \frac{\text{M}b - \text{N}c}{a} . t.$$

Mais, $\text{M} = ac' - ca'$, $\text{N} = ab' - ba'$, donc $\dfrac{\text{M}b - \text{N}c}{a} = bc' - cb'$; par suite

$$x = \frac{d - b\text{B} - c\text{C}}{a} + (bc' - cb')t;$$

valeur de forme analogue aux précédentes, et qui donnera toutes les valeurs de x dès que l'on connaîtra un système de solutions des équations données. De sorte que si on représente par A, B, C, trois nombres satisfaisant aux équations données, les formules qui donneront les trois inconnues seront :

$$x = A + (bc' - cb')t, \quad y = B - (ac' - ca')t, \quad z = C + (ab' - ba')t.$$

REMARQUE II.

Si le nombre des équations était plus considérable, on raisonnerait d'une manière analogue.

Application des considérations précédentes.

PROBLÈME I.

Combien devrait-on prendre de pièces de 1 *franc et de pièces de* $0^{fr.},75$ *pour payer une somme de* $20^{fr.},25$?

Soit x le nombre de pièces de 1 fr., y le nombre de pièces de 0,75, on aura :

$$x + 0,75 . y = 20,25, \quad \text{ou} \quad 100x + 75y = 2025.$$

Simplifiant en divisant par 25, il vient :

$$4x + 3y = 81.$$

Ici x doit être un multiple de 3 ; posant $x = 3x'$, on a :

$$4x' + y = 27, \quad \text{d'où} \quad y = 27 - 4x'.$$

Il suffira donc de faire $x' = 0, 1, 2, 3, 4, 5, 6$; ce qui donne :

$$\begin{array}{ccccccc} x = 0, & x = 3, & x = 6, & x = 9, & x = 12, & x = 15, & x = 18. \\ y = 22, & y = 23, & y = 19, & y = 15, & y = 11, & y = 7, & y = 3. \end{array}$$

PROBLÈME II.

Comment pourrait-on peser un poids de 1211^g *avec des poids de* 15^g *et de* 29^g ?

Soit x le nombre des poids de 15^g, y le nombre des poids de 29^g, on aura :

$$15x + 29y = 1211,$$

d'où

$$x = \frac{1211 - 29y}{15} = -2y + \frac{1211 + y}{15} = -2y + t, \quad t = \frac{1211 + y}{15},$$

$$y = -1211 + 15t,$$

par suite :

$$x = 2422 - 29t.$$

Les solutions devant être positives, il faut que l'on ait :

$$t < \frac{2432}{29} = 83 + \frac{15}{29}, \quad \text{et} \quad t > \frac{1211}{15} = 80 + \frac{11}{15}.$$

On peut donc faire

$$t = 81, \quad t = 82, \quad t = 83,$$

d'où on tire :

$$x = 73, \quad x = 44, \quad x = 15,$$
$$y = 4, \quad y = 19, \quad y = 34.$$

On aurait pu prévoir le nombre de solutions; car si on divise 1211 par 15×29, on a

$$\frac{1211}{15 \times 29} = \frac{1211}{435} = 2 + \frac{341}{435}.$$

Il devait donc y avoir trois solutions au plus.

PROBLÈME III.

Combien devrait-on prendre de pièces de 20 fr. et de 40 fr. pour qu'en les plaçant en ligne droite elles fassent la longueur d'un mètre ?

Soix x le nombre des pièces de 20 fr., y le nombre des pièces de 40 fr. Le diamètre d'une pièce de 20 fr. est égal à $0^m,021$, celui d'une pièce de 40 fr. à $0^m,026$; on aura donc :

$$0,021x + 0,026y = 1, \quad \text{ou} \quad 21x + 26y = 1000.$$

Résolvant, il vient :

$x=2x'$, d'où $21x'+13y=500$, $y=\frac{500-21x'}{13}=-2x'+\frac{500+5x'}{13}=-2x+t$,

$13t-5x'=500$,

$t=5t'$, d'où $13t'-x'=100$, $x'=13t'-100$.

Par suite

$$x=21t'-200,$$
$$y=200-21t'.$$

Il faudra que

$$t<\frac{200}{26}=7+\frac{18}{26},\quad t<\frac{200}{21}=9+\frac{11}{21};$$

on pourra donc faire

$$t=8,\quad t=9,$$

d'où

$$x=8,\quad x=34,$$
$$y=32,\quad y=11.$$

PROBLÈME IV.

Trouver un nombre qui, divisé par 7, donne 3 pour reste; divisé par 9, donne 5 pour reste; divisé par 11, donne 4 pour reste.

Représentons par N le nombre, et par x, y, z les trois quotients, par 7, 9 et 11. On aura:

$$N=7x+3=9y+5=11z+4.$$

Il faut donc résoudre en nombres entiers les équations

$$7x+3=9y+5,\quad \text{ou}\quad 7x-9y=2,$$
$$7x+3=11z+4,\quad\quad 7x-11z=1.$$

Ces équations peuvent se résondre presque à l'inspection, en déterminant un système de valeurs; mais suivons la marche générale, et nous aurons:

$$x=\frac{2+9y}{7}=y+\frac{2y+2}{7}=y+t,\quad t=\frac{2y+2}{7},\quad t=2t',$$
$$y=7t'-1,$$
$$x=9t'-1$$

Substituant dans la deuxième équation, il vient:

$$63t' - 11z = 8,\quad z = \frac{63t' - 8}{11} = 6t' - \frac{3t' + 8}{11} = 6t' - t'',\quad t'' = \frac{3t' + 8}{11},$$

$$t' = \frac{11t'' - 8}{3} = 4t'' - \frac{t'' + 8}{3} = 4t'' - t''',\quad t''' = \frac{t'' + 8}{3},$$

$$t'' = -\ \ 8 + 3t''',$$

d'où

$$t' = -\ 32 + 11t''',$$

$$\left.\begin{aligned} z &= -183 + 63t''', \\ x &= -289 + 99t''', \\ y &= -225 + 77t'''. \end{aligned}\right\}$$

Si on fait $t''' = 4$ pour avoir un nombre positif, on a

$$x = 107,\qquad y = 83,\qquad z = 68,$$

et par suite :

$$N = 107 \times 7 + 3 = 9.83 + 5 = 11.68 + 4 = 752.$$

APPENDICE DU LIVRE III.

De l'usage des équations du premier et du deuxième degré dans la résolution des problèmes de géométrie.

Dans presque toutes les questions de géométrie élémentaire, on cherche à déterminer la longueur de certaines lignes, dont la connaissance détermine la solution du problème correspondant; d'un autre côté, ces lignes sont liées aux parties connues par des propriétés déduites de théorèmes de géométrie. Or, comme on peut toujours représenter les différentes lignes qui entrent dans l'énoncé d'un théorème, ou qui figurent dans une question particulière, par des lettres, il résultera de l'expression écrite du *théorème* ou du *problème*, une *égalité* ou une *équation* entre ces différentes quantités. Il suit de là que si l'on est parvenu à obtenir, à l'aide de propriétés géométriques connues, une équation ou plusieurs équations dans lesquelles la ligne inconnue ou les lignes inconnues et les lignes connues, sont représentées par des lettres, en traitant ces équations algébriquement, on arrivera à déterminer les valeurs des lignes inconnues en fonction des lignes connues. Ces expressions des inconnues étant trouvées, il restera à traduire les opérations algébriques qu'elles indiquent, à l'aide de constructions géométriques. Toutes les fois que les équations du problème conduisent à la résolution d'équations du premier ou du deuxième degré, on peut toujours reproduire exactement les solutions algébriques, et la suite des opérations géométriques qu'il faut faire pour arriver à la détermination de l'inconnue porte le nom de *construction* de l'inconnue.

De l'usage du calcul algébrique dans la résolution des problèmes simples de géométrie élémentaire.

Généralités.

On voit, d'après ce qui précède, qu'on applique l'algèbre à la géométrie, et la géométrie à l'algèbre.

On doit suivre alors la règle suivante pour traiter les problèmes de géométrie par cette méthode :

Règle pour résoudre algébriquement les problèmes de géométrie.

Pour résoudre un problème de géométrie par le calcul, on suppose le problème résolu, et l'on fait la figure correspondante; puis on examine quelle est la ligne ou quelles sont les lignes que l'on doit chercher, et dont la détermination conduira à la résolution immédiate du problème; ce choix étant fait, on représente les lignes connues et inconnues par des lettres, et on établit à l'aide des conditions du problème et des propriétés de géométrie qui s'appliquent aisément à la figure, autant d'équations qu'il y a d'inconnues si cela est possible; on résout ces équations, et on construit la valeur ou les valeurs des inconnues.

Le choix des inconnues est d'une grande importance pour la simplicité des solutions; on doit y donner une attention toute particulière. Il arrive quelquefois aussi que l'expression de l'énoncé du problème ne suffit pas pour arriver à la solution; il faut alors faire sur la figure des constructions simples pour arriver aux équations du problème : généralement on mène des parallèles ou des perpendiculaires aux lignes principales, et si on a un angle comme *quantité donnée*, on l'introduit dans le calcul, en le déterminant par la longueur de la perpendiculaire abaissée de l'extrémité d'une longueur arbitraire prise à partir de son sommet, sur l'autre côté, ou, ce qui revient au même, par une *ligne trigonométrique* de cet angle.

De l'homogénéité.

Dans toutes les équations de ce genre, les valeurs des lignes qui y figurent sont indépendantes de l'unité choisie pour les exprimer. En supposant qu'aucune de ces lignes ne soit prise pour unité, il suit de là que tous les termes doivent être du même degré algébriquement parlant; car lorsque l'unité varie d'une manière quelconque, il faut que les équations subsistent entre les nombres qui expriment les grandeurs dont elles sont fonctions, ce qui exige que tous les termes varient proportionnellement.

On dit alors que les équations sont *homogènes*, et toutes les fois que l'inconnue est donnée par une équation qui n'est pas *homogène*, on est certain que l'équation est *fausse*.

De l'interprétation des solutions algébriques en géométrie.

Nous remarquerons aussi que la valeur algébrique d'une inconnue peut être donnée par une équation ne contenant que des quantités connues, alors le problème est *déterminé*; si, au contraire, il reste d'autres inconnues dans la valeur, le problème est *indéterminé*.

Enfin, lorsqu'un problème est déterminé, il peut arriver que l'algèbre conduise à des valeurs *positives*, *négatives* ou *imaginaires*. Les solutions *positives* répondent directement à la question. Les solutions *négatives* répondent généralement à une question analogue à celle que l'on traite; et enfin les solutions *imaginaires* n'ont aucune signification, si ce n'est d'indiquer l'impossibilité du problème.

Nous terminerons en donnant une application de ces considérations générales.

Diviser une ligne en moyenne et en extrême raison.

Si l'on représente par a la ligne donnée, et par x la plus grande partie, l'autre partie sera $a-x$, et on devra avoir

$$a:x::x:a-x,$$

ce qui donne l'équation

$$x^2 = a(a-x) \qquad \text{ou} \qquad x^2 + ax - a^2 = 0,$$

et par suite

$$x_1 = -\frac{a}{2} + \sqrt{\frac{a^2}{4} + a^2}$$

$$x_2 = -\frac{a}{2} - \sqrt{\frac{a^2}{4} + a^2}.$$

L'énoncé indique évidemment que x doit être une quantité positive et plus petite que a; par conséquent, la réponse à la question sera donnée par la valeur de x,

$$\sqrt{\frac{a^2}{4} + a^2} - \frac{a}{2}.$$

Or, la première partie de cette expression est l'hypoténuse d'un triangle rectangle dont a et $\frac{a}{2}$ sont les deux côtés de l'angle droit; ayant construit ce triangle, il suffira, pour avoir la ligne cherchée, de retrancher de cette hypoténuse la moitié de la longueur de la ligne donnée, ce qui rentre précisément dans la construction à laquelle on est conduit par les considérations géométriques.

Il est à remarquer ici, et cela arrive souvent dans les questions de ce genre, que l'algèbre fournit une valeur *négative* qui ne peut avoir de sens direct dans la question de géométrie qu'il s'agissait de résoudre; on peut donc se proposer de chercher comment il se fait que l'algèbre comporte plus de généralités que la géométrie. Cela tient à ce que, dans la plupart des questions de géométrie, l'énoncé comporte des conditions qui ne peuvent pas se traduire algébriquement; ainsi, dans le problème en question, il est sous-entendu que x doit être plus petit que a, tandis que l'équation une fois écrite, rien ne correspond à cette hypothèse; il n'est donc pas étonnant qu'une solution de l'équation ne corresponde pas à une solution du problème de géométrie correspondant; mais, si on prend la valeur de x positivement, on a une grandeur qui serait racine positive de l'équation, Interprétation de la solution négative.

$$x^2 - ax - a^2 = 0,$$

qui n'est autre que l'équation proposée, dans laquelle on a changé x en $-x$; ou, ce qui revient au même, de l'équation

$$x^2 = a(a + x),$$

de laquelle on déduit la proportion

$$a : x :: x : a + x,$$

ce qui correspond à un problème analogue au problème primitif, et qui s'énoncerait comme il suit :

Trouver un point sur le prolongement d'une ligne, tel que la distance de ce point à l'extrémité de la ligne la plus rapprochée de ce point, soit moyenne proportionnelle entre la ligne donnée et la distance du point à l'autre extrémité.

Il est à remarquer aussi que dans la construction géométrique, les solutions respectives sont portées de part et d'autre de l'extrémité de la ligne à laquelle elles aboutissent ; ainsi les solutions négatives sont comptées en sens contraire de celles qui sont regardées comme positives, et correspondent généralement à des problèmes analogues.

La solution des problèmes simples de géométrie à l'aide de l'algèbre, est une excellente application des équations du premier et du deuxième degré, nous engageons beaucoup les jeunes gens qui se destinent aux écoles spéciales, à s'exercer sur ce genre de questions. En voici quelques énoncés :

I. — *Inscrire un carré dans un triangle.*

II. — *Inscrire un rectangle dans un triangle, de manière que sa surface soit égale à celle d'un carré donné.*

III. — *Inscrire dans un triangle le plus grand rectangle possible.*

IV. — *Inscrire un rectangle dans un cercle, de manière que sa surface soit égale à un carré donné. — En déduire le maximum de surface du rectangle inscrit.*

V. — *Inscrire un rectangle dans un triangle, de manière que la somme ou la différence ou le rapport de ses côtés égale une ligne donnée ou un rapport donné.*

VI. — *Déterminer l'hypoténuse d'un triangle rectangle, connaissant le périmètre de ce triangle.*

VII. — *Construire un carré, connaissant la différence entre son côté et l'hypoténuse.*

VIII. — *Connaissant la surface d'un triangle, en déterminer les côtés de manière qu'ils soient en progression géométrique.*

IX. — *Décrire un cercle tangent à une droite, à un cercle, et passant par un point.*

X. — *Décrire un cercle tangent à une droite, et passant par deux points donnés.*

De l'analyse indéterminée du deuxième degré.

De l'analyse indéterminée du second degré.

La résolution en nombres *entiers* ou nombres *rationnels* d'une équation générale du deuxième degré à deux variables est un problème qui a occupé presque tous les géomètres célèbres. En général, tous les problèmes de l'analyse indéterminée d'un degré supérieur sont d'une grande difficulté, et conduisent à des recherches plutôt curieuses qu'utiles; aussi ne croyons-nous pas nécessaire de donner un exposé des recherches faites sur ce sujet.

Lagrange, *Gauss*, *Legendre*, en s'appuyant sur les découvertes de *Fermat* et d'*Euler*, ont traité la question de l'analyse du deuxième degré, d'une manière complète; nous renverrons aux ouvrages de ces géomètres ceux des lecteurs qui voudraient approfondir cette question, et nous nous contenterons de donner les solutions de quelques questions faciles, qui fournissent d'excellents exercices de calcul.

PROBLÈME I.

Partager un carré donné en deux autres carrés.

Représentons par x et y les deux nombres cherchés, et par a^2 le carré donné; on aura à satisfaire à l'égalité

$$x^2 + y^2 = a^2.$$

Posons $y = kx - a$, k étant une quantité arbitraire, et substituons; nous aurons

$$x^2 + k^2x^2 - 2akx = 0$$

ou

$$x(1 + k^2) - 2ak = 0\,;$$

et par suite

$$x = \frac{2ak}{1 + k^2}\,;$$

d'où

$$y = k.\frac{2ak}{1 + k^2} - a = \frac{a(k^2 - 1)}{1 + k^2}\,;$$

et, en effet, on a, en vérifiant,

$$\frac{4a^2k^2}{(1 + k^2)^2} + \frac{a^2(k^2 - 1)^2}{(1 + k^2)^2} = \frac{a^2(1 + k^2)^2}{(1 + k^2)^2} = a^2.$$

Il suit évidemment de là que les trois côtés d'un triangle rectangle peuvent se représenter par les nombres

$$a, \quad \frac{2k}{1 + k^2}a, \quad \frac{k^2 - 1}{k^2 + 1},$$

ou par

$$k^2 + 1, \quad 2k, \quad k^2 - 1.$$

En donnant à k des valeurs entières, on obtiendra des groupes de trois nombres, tels que le carré du premier sera toujours égal à la somme des deux carrés des deux autres. Ainsi, pour $k = 3$, on a

$$10, \quad 6, \quad 8,$$

et on a bien

$$10^2 = 6^2 + 8^2, \qquad 100 = 36 + 64\,;$$

pour $k = 4$,

$$17, \quad 8, \quad 15\,;$$

et ainsi de suite. On peut donc aisément, par ce moyen, trouver *trois nombres entiers représentant les trois côtés d'un triangle rectangle.*

PROBLÈME II.

Trouver deux nombres dont la différence des carrés soit égale à un carré donné.

Représentons par x et y les deux nombres, et par b^2 le carré donné; on devra avoir

$$x^2 - y^2 = b^2.$$

Posons $x = hy - b$, h étant une quantité indéterminée, et substituons; nous aurons

$$h^2y^2 - 2hby - y^2 = 0, \qquad \text{ou} \qquad (h^2 - 1)y - 2hb = 0.$$

D'où on tire

$$y = \frac{2h}{h^2 - 1}.b,$$

et par suite

$$x = \frac{h^2 + 1}{h^2 - 1}.b.$$

Et, en effet, si on élève au carré, et si on fait la soustraction, on a

$$\frac{(h^2 + 1)^2}{(h^2 - 1)^2}.b^2 - \frac{4h^2}{(h^2 - 1)^2}.b^2 = \frac{(h^2 - 1)^2}{(h^2 - 1)^2}.b^2 = b^2.$$

Ces formules des inconnues auraient pu se déduire de celles trouvées dans le problème précédent, en multipliant par $k^2 + 1$, et divisant par $k^2 - 1$; car alors on a

$$\frac{k^2 + 1}{k^2 - 1}.a, \qquad \frac{2k}{k^2 - 1}.a, \qquad ^{5}\,a.$$

Exemples. Supposons $b = 5$,

$$\left.\begin{array}{lll} y = \dfrac{2k}{k^2 - 1}.5 & k = 2, & y = \dfrac{4}{3}.5 = \dfrac{20}{3} \\ z = \dfrac{k^2 + 1}{k^2 - 1}.5 & \ldots & z = \dfrac{5}{3}.5 = \dfrac{25}{3} \end{array}\right| \frac{625}{9} = \frac{400}{9} = \frac{225}{9} = 25.$$

REMARQUE.

Les formules précédentes donnent les nombres rationnels qui satisfont à l'équation donnée: on voit qu'il y en a une infinité; mais, si l'on s'astreint à ne prendre que des nombres entiers, le problème n'admet plus qu'une solution qu'il est facile de trouver.

En effet, il peut arriver que le carré donné soit *impair* ou *pair*. Dans la première hypothèse, posons

$$b^2 = 2n + 1.$$

Il est évident que, pour compléter le carré, il suffit d'ajouter de part et d'autre n^2; on aura donc

$$n^2 + b^2 = n^2 + 2n + 1 = (n+1)^2\,;$$

d'où

$$(n+1)^2 - n^2 = b^2.$$

Exemple :

$$b^2 = 25 = 2.12 + 1, \qquad \text{donc} \quad n = 12, \quad n + 1 = 13\,;$$

et par suite

$$13^2 - 12^2 = 169 - 144 = 25.$$

Dans la seconde hypothèse, posons $b^2 = 2p$; le nombre étant un carré parfait, il faut que ses facteurs premiers entrent au moins au carré, ou en général à des puissances paires; il faut donc que p soit pair aussi, et le double d'un carré, par exemple, $p = 2n^2$; on aura donc

$$b^2 = 4n^2.$$

Si maintenant on représente par $2x$ et $2y$ les deux nombres cherchés, on aura

$$4x^2 - 4y^2 = 4.n^2 \qquad \text{ou...} \quad x^2 - y^2 = n^2.$$

Équation que l'on traitera comme précédemment, si n est impair; dans le cas contraire, on raisonnera sur cette nouvelle équation comme on vient de le faire. En général, on prendra pour inconnues des multiples de la plus grande puissance de *deux* se trouvant dans le carré donné.

Si le carré était une puissance paire de deux, on retomberait sur cette puissance et sur zéro, pour les deux nombres répondant à la question.

(*Exemples*) :

1° $b^2 = 36$, $\qquad (2x)^2 - (2y^2) = 4.9$;

d'où

$$x^2 - y^2 = 9 = 2.4 + 1, \qquad x = 4, \qquad y = 5.$$

Les deux nombres sont donc 8 et 10 :

$$100 - 64 = 36.$$

2° $b^2 = (2^3)^2.9$, $\qquad (2^3.x)^2 - (2^3.y)^2 = (2^3)^2.9$;

d'où

$$x^2 - y^2 = 9, \qquad x = 4, \qquad y = 5.$$

Les deux nombres sont donc 32, 40 :

$$1600 - 1024 = 576.$$

PROBLÈME III.

Trouver deux carrés dont la différence soit égale à un nombre donné.

Soit d la différence donnée, x le plus grand des deux nombres cherchés, et y le plus petit, on aura

$$x^2 - y^2 = d,$$

ou

$$(x+y)(x-y) = d.$$

Posons

$$x + y = k,$$

on aura

$$x - y = \frac{d}{k},$$

et par suite

$$x = \frac{k + \frac{d}{k}}{2}, \qquad y = \frac{k - \frac{d}{k}}{2},$$

k étant un nombre quelconque plus grand que la racine carrée de d.

On voit que, pour avoir des valeurs entières de x et de y, il suffira que les nombres k et $\frac{d}{k}$ soient *pairs* ou *impairs* tous les deux.

Exemple : soit

$$d = 77,$$

en posant

$$k = 11,$$

on a

$$\frac{d}{k} = 7,$$

et par suite

$$x = \frac{11 + 7}{2} = 9,$$

$$y = \frac{11 - 7}{2} = 2.$$

Et, en effet,

$$9^2 - 2^2 = 81 - 4 = 77.$$

PROBLÈME IV.

Partager la somme de deux carrés en deux autres carrés.

Appelons a^2 et b^2 les deux carrés donnés, x et y les deux nombres cherchés, on devra avoir

$$x^2 + y^2 = a^2 + b^2.$$

Posons

$$x = kz - a, \qquad y = hz - b,$$

nous aurons, en substituant,

$$(k^2+h^2)z^2-2(ak+bh)z=0;$$

d'où

$$z=2\frac{ak+bh}{k^2+h^2},$$

et par suite

$$x=2k\frac{ak+bh}{k^2+h^2}-a,\qquad y=2h\frac{ak+bh}{k^2+h^2}-b;$$

valeurs que l'on peut écrire comme il suit :

$$x=a\frac{k^2-h^2+2\frac{b}{a}.hk}{h^2+k^2},\qquad y=b\frac{h^2-k^2+2\frac{a}{b}.hk}{k^2+h^2}.$$

En donnant à k et à h des valeurs quelconques, on en déduira des solutions de la question; seulement, pour toutes les valeurs de k et de h, satisfaisant à la proportion

$$a:b::k:h$$

on retomberait sur les deux nombres donnés.

On aurait pu poser aussi

$$x=kz+a \qquad \text{et} \qquad y=hz+b.$$

On aurait eu alors

$$x=a-2k\frac{ak+bh}{k^2+h^2},\qquad y=b-2h\frac{ak+bh}{k^2+h^2};$$

valeurs qui peuvent s'écrire

$$x=b\frac{(b^2-k^2)\frac{a}{b}-2kh}{k^2+h^2},\qquad y=a\frac{(k^2-h^2)\frac{b}{a}-2hk}{k^2+h^2}.$$

Il est clair que si l'on avait ici

$$a:b::k+h:k-h,$$

on retomberait encore sur les nombres donnés.

PROBLÈME V.

Trouver trois nombres tels que leur somme soit un carré, et que leurs sommes deux à deux soient encore des carrés.

Soit x le premier nombre, y le second, et z le troisième, on devra avoir

$$\begin{aligned}
x+y+z &= \text{un carré} = a^2,\\
x+y &= \text{un carré} = k^2,\\
x+z &= \text{un carré} = h^2,\\
z+y &= \text{un carré} = l^2.
\end{aligned}$$

Posons $a = k + t$, on aura

$$x + y + z = a^2 = k^2 + 2kt + t^2;$$

mais

$$x + y = k^2;$$

donc

$$z = 2kt + t^2.$$

Maintenant, posons $l = k - t$, on aura

$$y + z = l^2 = k^2 - 2kt + t^2,$$

et par suite

$$y = k^2 - 4kt,$$

et enfin

$$x = 4kt.$$

Les trois nombres sont donc

$$x = 4kt, \qquad y = k^2 - 4kt, \qquad z = 2kt + t^2.$$

Or, maintenant il faut exprimer que $x + z$ est un carré, c'est-à-dire, que l'on a

$$6kt + t^2 = \text{un carré} = h^2,$$

h^2 étant plus petit que a^2; par suite on a

$$k = \frac{h^2 - t^2}{6t}.$$

Ce qui donne pour les trois nombres cherchés les formules

$$x = \frac{2}{3}(h^2 - t^2), \quad y = \left(\frac{h^2 - t^2}{6t}\right)^2 - \frac{2}{3}(h^2 - t^2), \quad z = \frac{1}{3}(h^2 - t^2) + t^2.$$

Faisons, par exemple, $t = 1$, $h = 11$, nous aurons

$$x = 80, \qquad y = 320, \qquad z = 41;$$

ce qui donne bien

$$\begin{aligned} x + y + z &= 80 + 320 + 41 = 441 = 21^2 \\ x + y &= 80 + 320 = 400 = 20^2 \\ x + z &= 80 + 41 = 121 = 11^2 \\ y + z &= 320 + 41 = 361 = 19^2 \end{aligned}$$

Nous donnerons, pour terminer ce genre d'exercices, les énoncés de quelques problèmes qui se résolvent comme les précédents.

1. *Trouver un nombre tel que, ajouté à un carré, il donne un carré, et tel que, en le retranchant de son carré, il donne encore un carré.*

2. *Trouver un nombre qui puisse être divisé en deux parties telles que la pre-*

mière multipliée par un nombre augmenté du carré de la seconde, multiplié par un autre nombre donné soit un carré parfait.

3. *Trouver trois nombres tels qu'en ajoutant leurs produits deux à deux à des nombres donnés, on obtienne des carrés.*

4. *Trouver trois nombres tels que leurs produits, deux à deux, augmentés de leurs sommes respectives, fassent toujours des carrés. — Idem, lorsqu'on multiplie chaque somme par un nombre donné.*

5. *Trouver deux nombres tels que leur somme soit un carré ayant pour racine le carré du premier augmenté du second.*

TABLE DES MATIÈRES.

www.ingramcontent.com/pod-product-compliance
Lightning Source LLC
LaVergne TN
LVHW020606230826
846091LV00002B/627
9782019721879